エコロジーのかたち

持続可能なデザインへの北欧的哲学

Økologien tager form

BYØKOLOGI, ÆSTETIK OG ARKITEKTUR

Claus Bech-Danielsen

クラウス・ベック＝ダニエルセン

伊藤俊介・麻田佳鶴子 訳

新評論

はじめに

スカンジナビア諸国では、一九七〇年代に建築における環境保護への取り組みがはじまった。こうした動きは、草の根運動家やほかのリベラルな市民が集まって、既成の画一的な住宅とは違う住まいを求めてつくったコレクティブハウジング[1]や自給自足的なコミュニティからはじまったものである。そして、そのなかで「アーバンエコロジー（都市生態学）」が生まれ、草の根運動家は住居の質を改善するために都市における生態学的な変革に取り組んだ。たとえば、荒廃した環境を和らげるものとして植栽が重視され、住宅の屋内環境を改善するためにそれまで多用されてきた工業的な材料に代わる建築材料が考慮されるようになった。

草の根運動のアーバンエコロジーは、住民たちの居住地に根ざした取り組みだった。言い換えれば、特定の〈場所〉と結びついていたわけである。この性格は、デンマーク環境省によるアーバンエコロジーの定義にも表れている。つまり、アーバンエコロジーは市民による包括的な環境への取り組みであり、任意の場所――それは、単体の建物でも街区でも地域でもよく、原理的には一つの町すべてでもよい――で行われるものである。

草の根運動のアーバンエコロジーはもともと既成社会への対抗運動としてはじまったものであるため、環境への取り組みも既成社会のそれとは大きく異なる価値観に立脚していた。だから数年前、私がスカンジナビアのアーバンエコロジー建築の比較研究を行ったときも、設計コンペ[2]の成果として建てられた洗練された建築だけでなく、土と藁で造られた家に至るまで幅広い建物がその対象に含まれていた。

草の根運動家は、環境への配慮とエコロジーへの献身を拠り所として住居を建ててきた。しかし、こうしたアーバンエコロジーの取り組みが美しい形態をまとうことは稀だった。そして、長い間、スカンジナビアの建築家たちは、草の根運動の住居を「美しくないもの」と嘲笑してきた。

一方、建築家が設計した建物の場合は状況がだいぶ異なった。こうした例では、魅惑的なデザインとより抜きの材料によってエコロジカルな建築が造られている。しかし、先に記した比較研究において、建物の性能に関していくつかの計算を行って評価した結果、建築家がデザインした建物のほうが草の根運動の住宅よりも環境面で絶望的に劣っていることが明らかとなった。

もちろん、建築家がデザインした建物の多くに環境への配慮をはっきりと見ることができる。これらでは、杉やヒバのような、表面仕上げに資源を多く使わなくてもよい材料が用いられたり、太陽熱が利用されていることを主張するかのように、壁は一面ガラスであったりする。しかし、しばしば、環境に一見やさしいヒバの壁面の背後には従来通りのコンクリートの建物が隠されているし、本書でのちに述べるように、ガラス面の省エネルギー効果には疑問符がつく場合も多い。

このように見ると、多くの建築家はエコロジーの「イメージ」をつくりあげることに腐心し、建物の表層で環境問題に取り組んでいるのだとはいえないだろうか。建築家は、草の根運動の住居はエコロジカルな努力に美しい形を与えていないと厳しく批判しているが、逆に、建築家は内実の伴わない形だけをつくっていると批判できよう。つまり、草の根運動は「意味」を創造しているが表現する言葉をもたず、建築家は「言葉」をもっているが表現すべき内容が欠けている、ともいえる。

建築の基盤をなす理念と、建築が現実の世界で実際にとる形の間に不調和がある。これは、アーバンエコロジーの局面だけでなく、広く起きている問題でもある。近年、メディアによる視覚情報の氾濫のなかで、建築は以前よりも視覚的な魅力をめぐって競争しなければならない状況に置かれている。つまり、投資や観光客を誘致する都市間の競争のなかで、建築も見かけがより重視されるようになってきているわけだ。しかし、それでは、鉄とガラスの仰々しい建築を造っているうちに環境問題が見えなくなってしまいかねない。

いま述べたような、「イメージと現実の乖離《かいり》」と「形と内容の乖離」が本書の重要な論点となる。モダニズムの先駆者たちは、歴史主義的建築のファサードに表現される外的な秩序と建物の内部の不調和を批判した。当時の表現を借りれば、平面とファサードは一体でなければならない。これは、建築の世界ではそれ以来ずっと課題となってきた。そして、二〇世紀の芸術では、線遠近法との決別がイメージと現実の新しい関係を見いだす道を開いた。現実の新しい捉え方は、インスタレーションやランドアート[3]、ネイチャーアートに代表される最近の芸術の動向に表れている。要するに、二〇世紀の建築家も芸術家も、物事の内的な関係性を再び創出する努力をしてきたのだ。

このように見ると、モダンデザインとアーバンエコロジーには多くの共通点があることがわかる。アー

（1）北欧で始まった、複数の世帯が一緒に居住し、家事、食事など生活と施設の一部を共有する住み方の形式。

（2）建築設計や都市計画のプロジェクトにおいて設計者に提案を求め、審査によって最適な案を選ぶこと。

（3）インスタレーションは、場所や空間を作品として体験させる芸術の方法・作品。ランドアートは、自然の素材を用いて主として屋外の場所に構築される芸術。

バンエコロジストたちも、文化が自然と対立する存在であると考える世界観から脱却しようとしている。自然を、何か外にあるもの、壁の反対側にあるもの、腰から下にあるものと見なす世界観を否定し、その代わり、文化の領域に見いだされる自然を探し求めている。彼らは屋根に草を生やし、街なかの裏庭にヤギを連れてきて、公園は野生の植物が育つままにしておく。アーバンエコロジストたちは、都市を野生そのままの田舎と対比して、管理された環境と考える伝統的なとらえ方を問い直している。

建築の世界でも同様の動きが起きていた。二〇世紀初めには、モダニズムの建築家たちは明瞭に輪郭が規定された伝統的な建築や都市にすでに別れを告げていた。公園のような敷地のなかで、建物と緑、建築とランドスケープ、そして文化と自然の間の対立を壊し、それらの出会いを企図した。戦後の郊外開発でも、周囲からはっきりと区切られた空間は造られなくなった。これは、周囲から明確に区分された都市という伝統的な概念がもはや存在しないことを示している。

このように、初期モダニズムには最近のアーバンエコロジーとの共通点が多く見られる。しかし、環境への取り組みがモダニズムの建築理念を敷衍していく方向を暗示する面もある一方で、モダニズムの理念と対立する面もある。モダニズムは、視野狭窄的に合理性と科学を信奉してきたと指摘される。建築家やコンサルタントの間では、建設資源の節約は技術開発によってしかなし得ないという考えが一般的だった。しかし、環境の専門家の間では、環境問題の多くは技術的な手段だけでは解決できないという意識が強くなってきている。もちろん、技術の発展は最大限利用するべきだが、それだけでは成り立たないということだ。

私自身、自分の学位論文（これが本書のもとになっている）のために調べたいくつもの事例からこのことに気づかされた。たとえば、ある大規模集合住宅では、すべての住居が同じ節水設備を付けていたにもかかわらず、各家庭で水の消費量が大きく異なっていたのだ。ある家庭では、一日の水の使用量が一人当たり六六リットルだったのに、別の家庭では一人当たり二八七リットルもあった。四倍以上の差があったわけだが、節水設備を設置することによって平均およそ三〇パーセントは水の使用が節約されていた。この事例においては、技術的手段が環境面での成果に結びつくことが示されたが、同時に、ほかにももっと重要な要素が絡んでいることも明らかになった。つまり、（これは誰もが気づいていることだが）私たちの行動が資源消費にもっとも関係の深い要因だということだ。

環境問題と関連して私たちの習慣や行動やライフスタイルについて議論することは、つまるところ私たちの文化について論じることだ。もし、環境問題への対応として私たちの文化が変わるとすれば、それは必然的に建築デザインにも影響を与えることになる。というのも、デザインはどの時代にも、それが根ざす文化や社会の価値観を反映してきたからである。したがって、環境への取り組みは建築や美学の文脈で論じることができることになる。これが本書のテーマである。本書は環境への取り組みを、環境問題にとどまらないより広い視野でとらえ、現代デザインと関連づけて説明しようとするものである。

最初の三つの章では、議論の基本的な枠組みを提示する。とくに、世界を探索する三つの方法に焦点をあてることにする。人は世界を、感覚によって経験し、知性によって理解し、創造性によってつくりあげることができる。そして、それぞれの方法に対応して世界は異なる姿に見える。そこで、現実をとらえる三つの異なるパラダイムについて議論することができる。これらのパラダイムは、本書の鍵となるコンセプトである〈場所〉、〈空間〉、〈インタフェース〉によって説明することができる。

第4章では、科学以前の時代から現在に至るまでの思想的・文化的な発達を見る。ここでは、科学の「客観的な」理解の仕方が西洋文化を自然と対立する関係に置き、これがどのように建築や芸術に表れているかを示す。

第5章では、モダニズムの初期の建築理念を対比的に再検討する。初期のモダニストたちは一方で直接感覚の復権を目指したが、一方では合理化、システム化と科学的知見を信奉した。モダニズムの建築理念を現象学的に解釈すると、このような矛盾は同じことの両面を示していることがわかる。そう理解することによって、モダニズムの理論的な基盤をエコロジカルな建築の思想として受け継ぐ可能性が見えてくる。

第6章では、これまでの環境への取り組みにおいて環境保護運動と環境マネジメントという二つのアプローチが主流だったことを指摘する。しかし、そのどちらの方法も最適な解決を提供しきれていない。ここでは、二〇世紀の建築と芸術に表れた新しい世界観のなかに環境への新しい取り組みがあることを見る。

最後に第7章では、エネルギー、水、廃棄物処理、材料、緑化の五つの観点から建築をエコロジカルなものにしていく方法を述べる。ここでは、科学的な観点から環境への取り組みを説明する。しかし、同時に環境への取り組みは価値観の変化や新しい規範の表現と見ることもできる。これらは建築の概念に関わるし、さらにその建築概念は芸術表現の動向とも密接につながっている。このように見ると、アーバンエコロジーは近年のデザインが迎えている大きなパラダイムシフトの一環だということができる。

本書は、デンマーク国立建築研究所（Danish Building Research Institute）に在籍して書いた学位論文を基にしている。研究所の友人と同僚に感謝したい。オーレ・ミケル・イェンセン（Ole Michael Jensen）とイェンス・シェーラップ・ハンセン（Jens Schjerup Hansen）はいつも議論に付き合ってくれた。マリアンヌ・クロウ・イェンセン（Marianne Krogh Jensen）とヨン・プルーヤー（John Pløger）は、本書を英語でも出版するべきだと親切にせっついてくれた。

最後に、近くでずっとこの仕事を見守ってくれた妻のベリット（Berit）にも感謝したい。

凡例

・本書はクラウス・ベック＝ダニエルセン（Claus Bech-Danielsen）著、Økologien tager form: Byøkologi, æstetik og arkitektur. Christian Ejlers' Forlag, 1998年（英語版：Ecological reflections in architecture: Architectural design of the place, the space, and the interface. The Danish Architectural Press, 2005年）の全訳である。デンマーク語による原書と英語版では図版で紹介している事例が一部異なるが、本書では原書のものを採用した。

・原註は本文中に（原註1）と記し、巻末にまとめて章別に記載した。

・訳注は本文中に（1）と記し、同ページの欄外に記載した。

・人名はカタカナ表記とし、巻末に人名索引を付した。アルファベット表記は索引に記載した。

・地名・建物名については、カタカナ表記にアルファベット表記を付した（一般的に知られている地名は除く）。

・作品名については定訳があるものはそれを用い、ないものは訳者による日本語訳と原題の両方を記載した。

エコロジーのかたち——持続可能なデザインへの北欧的哲学

第1章

印象から表現へ

草の根のエコロジー運動家が建てた住居を初めて見た人々は、ほとんどの場合、アーバンエコロジーと建築の間にはあまり関係がないと思うだろう。アーバンエコロジーは美しくない。しかし、建築家もアーバンエコロジストも、全体を重視するという大切なビジョンを共有している。

これが本書の出発点である。本章で論じるように、私たちは世界の総体性を感覚によって把握する。だから、建築の総体性を追求する建築家にとっては五感を通しての経験がとくに重要となる。同様に、ホリスティックな思想に基づいた総体性を求めるアーバンエコロジストにとっても本質的な意味をもつことになる。

前言語的経験

息子のオスカー（Oscar）はもうすぐ一歳になる。彼は私のすぐ横で、床に座って三つのボールで遊んでいる。ふさふさのテニスボール、滑らかな皮のサッカーボール、そして大きなビーチボールである。オスカーは、ボールを叩き、転がし、耳にあて、かじったりして味わっている。このように、五感すべてを使って息子はボールというものを経験している。

オスカーの直接経験では、三つのボールはずいぶん違ったものに感じられているはずだ。一つは彼の小さな手でつかむことができるが、別のものは大きくて全体を見ることもできない。あるものは布のように柔らかいかと思うと、あるものは石のように硬い。そして、あるものは歯茎に押し当てると快くフワフワしているが、あるものはプラスチックの不愉快な味である。また、草のように緑のものもあれば、消防車のように赤いのもある。

オスカーは、ボールから多岐にわたる感覚的な印象を得ている。父親になったばかりの人間として思うのは、将来、息子がこれら三つがすべて「ボール」というものだと知ったときは混乱するだろうということだ。

見たところ、オスカーの周りのほかのものから三つのボールを区別する共通の要素は見あたらない。しかし、オスカーは話すことを覚えなければならないし、そのためには大量の感覚的印象を見通してボールに特有の共通項を探さなければならない。ボールが一般的にもつ性質に焦点をあてるためには、それぞれのボール固有の特徴から目を離して、多種多様の感覚的印象から抽象しなければならないのだ。ボールをボールたらしめているのは、それらに共通する一般的な性質である。

ボールという一般的な概念がある。転がって、弾んで、遊べるものでなければならない。この一般的概念をボールは共通してもっていて、これによってほかの物体から区別されている。子どもがボールについて話すためには、ボールという概念がなければならない。そして、モノが名前で呼ばれるようになると、その概念形を考えなければならない。言葉を覚えるということは、理想の宇宙、つまりは知覚される現実を煎じ詰めたものを認識することと同じである。

とすれば、言語では世界の多様性を完全に表現することはできない。言葉は、経験されるリアリティのごく一部しかカバーしないからである。「煎じ詰められた」世界の背後に目をやり、言葉による表現からこぼれ落ちた部分を見ることで、初めてその多様性は経験される。ちょうど、オスカーが言語の世界に踏みだす前にそうしているように、多様性は直接的な感覚経験のうちに見いだされるものだ。つまり、前言語的経験では世界全体を知覚することができる。しかし、言語によって理解可能な形に経験を描きだし、言葉で考えて記述するようになると総体性は弱まる。そして、その一部に焦点をあてるようになる。私たちは感性で世界の全体を把握し、知性で世界の部分に注目するのだ。

直接経験では全体性を把握するが、それを保つためには知覚者はその全体の一部でなければならない。知覚者が一歩そこから踏みだすと、全体は損なわれてしまう。それゆえ、デンマークの哲学者クヌード・アイラー・ロイストロップは感覚することを〈無距離〉と形容し（原註1）、モーリス・メルロ＝ポンティは私たちが世界と親密に、ともにあることでそれを知覚すると述べたのである（原註2）。そのとき、私たち自身も現前の環

図 1. 1：直接印象：オスカーが三つのボールを直接体験するとき、それぞれがずいぶん異なっているはずだ。赤いボールは、ほかの二つよりも消防車との共通点が多そうだ。

図 1. 2：〈無距離〉での知覚：近くで見ると見慣れたボールの形は消滅し、「ボール」と認識することが難しくなる。距離を置くことで初めて一般的な形、つまり概念的なボールの形が現れ、把握することができる。

境の一部となっているのである。

　これは不思議に聞こえるかも知れない。しかし、よく考えてみると、誰もが経験することではないだろうか。絵を描いたり、音楽を聴いたり、料理をしているとき、時間と空間が消えてしまったかのように感じることはないだろうか。理性を司る左脳との接続が切れ、創造的な右脳が支配する。時間の感覚は消え、絵のフォルム、音楽のリズム、料理の繊細な色合いと香りが一体化する。独立した体と心としてのあなたは消え、世界と一つになる。つまり、すべてが一体となるのだ。

言語的理解

　私たちの感覚器官は、毎秒一四〇〇万件の入力を得ているという[原註3]。これは信じ難い数字である。世界を理解するためには、小さな部分に集中しなければならない。これは、世界から距離を置くことで可能になる。〈無距離〉で実在を感じる直接知覚とは対照的に、知性による理解は、理解されるものから距離を置くことによって成立する。

　世界を理解するためには、「アルキメディスの点[1]」と呼ばれるものを設定しなければならない。これは、一歩引いて出来事から距離を置くことで発生する。自身を行為から分離して、ほかのすべてがそこを中心

（1）対象物から完全に独立した立場から全体を見渡し、客観的に見ることができるような仮想的な点のこと。アルキメデスが、「十分に長いてこと足場を与えられれば地球を動かしてみせる」と主張したと言われることからこの名がついた。

として回る点に身を置くのだ。ここから見れば、ほかのすべては周囲である。私たちはこの点に立つことで、世界を周囲の世界として理解するのだ。五感で私たちは本当のリアリティを体験するが、知性によって私たちは概念形として現実を理解する。また、五感では具体的な印象を受けるが、知性では抽象的イメージを創出している。

理解の前提となる距離は言語によってつくられている。モノの間の違いに注目することで、初めてそれらを他と区別することができると人類学者のグレゴリー・ベイトソンは言った。ベイトソンによれば、意味は言語によってあるものをほかのものと区別したときに生じた。そのため彼は、「not」つまり「……でない」「非……」という言葉が言語にとって本質的だと考えた。[原註4] 周囲の世界から何かを区別するということとは、それが背景「でない」ということと等しい。全体のうちの一部に焦点をあてて前面にもってくるとき、同時にほかのものは背景になる。言語によってモノを区別することで、私たちは不連続を生じさせる。つまり、他を犠牲にすることで全体の一部を照らすのである。要するに、総体性は記述が不可能なのだ。

意味ある方法で世界について語るためには、それを分節して、それぞれの部分の間に中間領域をつくる必要がある。すなわち、限定して明文化するのだ。言語をもって私たちは部分に光をあてるが、他は不明瞭にしておかれる。部分部分を照らすと同時に、それらの間に空っぽな「ブラックホール」をつくるのだ。

文化とは、このように全体を分割する方法に対応する理解の枠組みと一連の習慣に立脚するものである。だから、既成の条件を壊して取り除くことなしに新しい文化をつくることはできない。世界を理解する既成の方法を変えるには、その文化が光をあてていない領域に足を踏みださなければならない。そして、既成概念の陰に隠れたものに目を光らせなければならない。また、光に照らされない空間の距離を乗り越え

図 1. 3：モノが背景になるとき：全体の中のある部分に焦点をあてて前景にもってくると、背景として下がるものもある。前景は、常に背景を必要とする。

て空っぽな領域を受け入れなければならない。そうすることで、新しい意味が生まれるのである。

イメージによる認識

言語ですべてを知ることはできない。しかし、詩人は言語表現によって芸術的な総体性を創造することができる。詩の全体は書かれた言葉の総和ではない。詩の本質は、すでにページの白い部分、つまり行間に存在するのだ。本質は、イメージという形で視野に入る。全体を描くためには、そのイメージの助けを借りなければならないのだ。

どこかの海の上を巨大タンカーが航海している。水の上を進みながら、後方には泡の航跡を残していく。船長は

図 1. 4：言語は全体を暗示する：ある一部に光があてられる代わりに、残りは薄暗い中に残される。

ブリッジで水面を見つめている。その前方にはまだ切り裂かれていない海面が見えるはずだ。右舷には海の片側が見え、それは左舷も同じである。そして、後ろを振り返ると、航跡によって遠くまで二つに分かれた海が見える。

つまり、タンカーは海を二つに切っているわけだ。船の上からは両方の側を同時に見ることはできない。左舷に向いたときには右舷には背を向けることになるし、その逆も同じだ。そして、前方を見ながら後ろを見ることもできない。

カモメなら空高く、航跡が消えて海が再び一体に見える高さまで飛ぶこともできるだろう。しかし、タンカーからはそれを見ることができない。カモメが目にするのは、一面の海とタンカー、そして海を二つに裂く航跡である。飛んでいる鳥の眼から見た像でドラマティックなのは、海が分かれる船尾である。

タンカーの前方では、水面直下で弾丸のような形をした船首が巨大な拳のように水を押しのけて進み、船全体の道筋をつけている。一方、船首では水が凶暴に暴れている。そして、側面では、水は抵抗をやめて静かに通りすぎてゆく。

船は、船首の先端で海と出合う。ほんの一点、一瞬だけがいまだ二

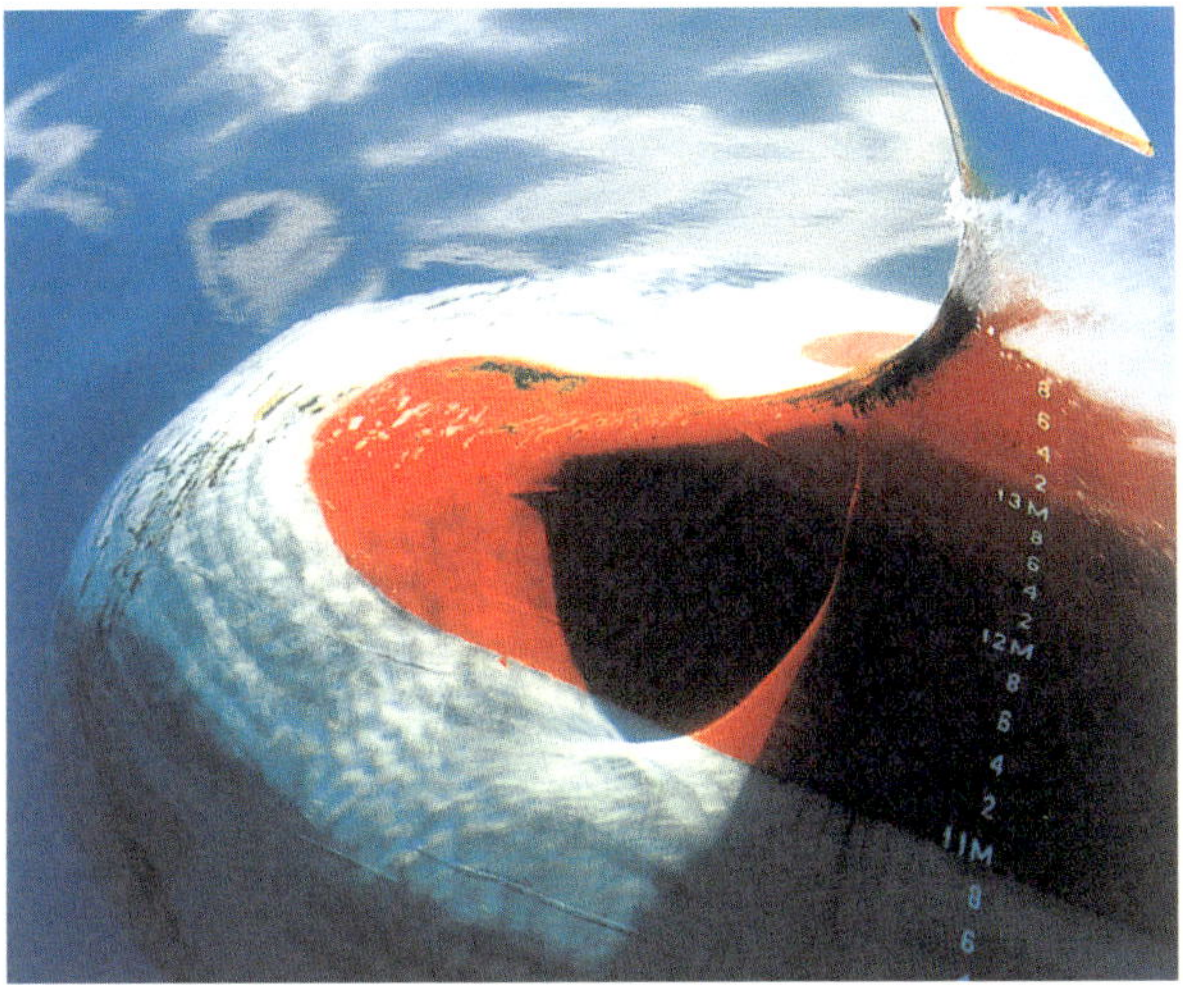

図 1.5： 球状船首：タンカーの舳先が波を裂いて一体だったものを分割する。

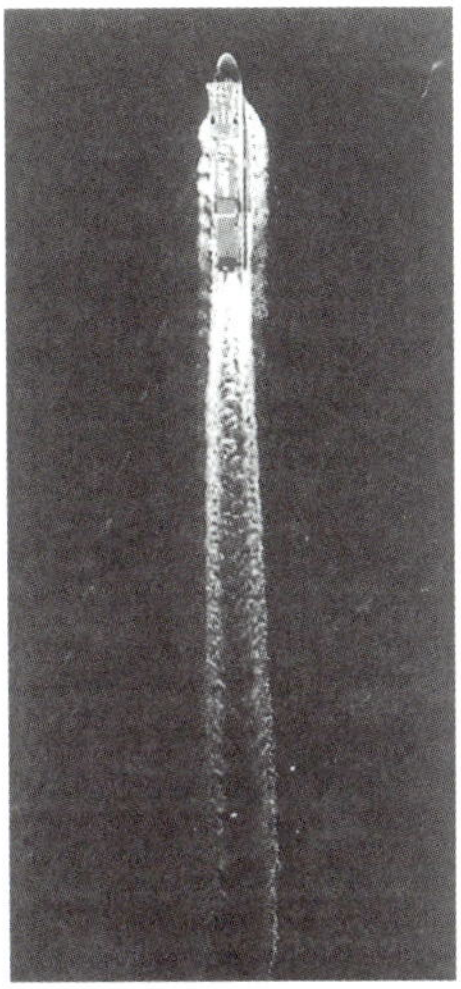

図 1.6：差異の発生：鳥瞰すると航跡が水を二分していることがわかる。

つに裂かれていない海と接触するのだ。しかし、この一瞬はあまりに早過ぎるので、それをとらえることはできない。次の瞬間には海はすでに分かれていて、船の両側に流れていってしまう。ここで、差異がつくられたのだ。

このタンカーは、私たちと環境との出合いを表しているということができる。私たちは自分の舳先、つまり五感で世界を体験する。前言語的経験では、私たちはまさにこの瞬間に水を知覚する。水はまだ二分されておらず、全体と部分の違いもない。そして、主体と客体の違いも、自らと周囲の違いも、精神と物質の違いもないのだ。

知性による内省によって差異が現れる。私たちは知性によって何を感じたかを考える。しかし、その内省は五感の表面がリアリティに触れたときから遅れているのだ。私たちが船の両側を流れる水を静観している間、脳は一秒の何分の一か遅れて感覚入力を処理する。知性によって感覚経験を理解したときには、すでに海は一体ではなく二つに分かれてしまっているのだ。船の舷で眺めているものが何であるかを説明できるとき、すでに私たちはそこから距離を置いていることになる。全体が説明できた時点で、それはすでに過去になっているということだ。

第2章 自然・文化・芸術

目立たないことは見過ごされやすい。この章では、すべての文化は自然を基盤として成立しており、どの文化もその基盤となる自然なしには成り立たないことを確認する。しかし、どの文化も、自然との間に存在する境界の引き方に関連する自然観を内包しているため、文化がどのように自然との関係を定義するかには大きな違いが出てくる。

今日の環境危機を考えるとき、西洋文化と自然との境界の問題は重要である。ここでは、それが同時に芸術や建築にとっても重要であることを示すつもりだ。ここに、アーバンエコロジーとデザインの間の深い関係がある。

自然の経験

「自然（nature）」という言葉は、「生まれる」、「現れる」、「起こる」、「はじまる」という意味のラテン語「nascor」に由来する。そして、「文化（culture）」という言葉は同様にラテン語の「colo」から生じたものである。これは、土地を耕して手入れをするという意味である。自然はすなわち原初のものであり、それを人が耕作することで文化はつくられる。

文化は、すべて自然に立脚している。そして、どの文化もそれが基盤とする自然を凌駕することはできない。つまり、自然を失えばその文化が手を加えるものがなくなってしまい、そうなれば文化は意味を失って滅びるしかないということだ。

イギリスの歴史家クライブ・ポンティングは、彼の著書『緑の世界史』でこのような出来事の例として、イースター島の高度な文化がどのようにして滅びたかを次のように説明する[原註1]。

> イースター島では、有名な石像を建立するためにあまりに大量の木材が必要だったため、人々は島中の木を切り倒してしまったのだ。人々は、高度な文化を維持するために必要な資源を得ることがまったくできなくなってしまい、裸の島に立ちつくすしかなかった。文化の基盤となる自然を根絶したために、文化自体の終焉につながってしまったのだ。

さまざまな文化が立脚する自然の様相もそれぞれ異なっている。実際、どの文化も独自の自然観をもっており、それに従って独自のやり方で自然に手を加える。たとえば、自然の物質的形態に重きを置く文化

図 2.1：文化のルーツ：イースター島の住民は、石像を建立するために莫大な資源を消費した。そのために自然の基盤が疲弊し、彼らの文化の滅亡につながった。

と、自然の精神性に重きを置く文化では大きな違いがある。自然観はその文化の性格を決定するわけだから、自然観と文化はコインの両面であるといえる。

ある文化が自然を見失い、その結果として消滅するならば、人々が新しい自然を発見することで今度は新しい文化が生まれるともいえる。そうなると、新しい自然観が必要となる。これこそが、二〇世紀初頭の芸術家たちが主張したことだ。つまり、外在的自然、目に見える自然から内的な自然に焦点が移ったのだ。

文化の前提条件として自然があることを知った以上、芸術家と建築家はエコロジーの危機に配慮しなければならない。そして、私たちの文化が立脚する自然が危機にあるという事実を認めなければならない。自然そして自然観に対する有効な理解がなくては、建築家のつくる文化もまた無意味である。要するに、エコロジカルな思想のない建築は意味のないものに終わる運命にある。

直接的な、ありのままの経験においては自然は総体として知覚される。その結果、自然は生命のない物質とは見なされず、人間による自然の開発に歯止めをかけるような自然観が生じる。

「自然を感じることで初めて、世界は人間、動物、植物、風景といった命に満ちたものとして現れてくる。私たちは、命あるものしか育んで愛することはできない。そして、感じることなしには倫理も存在しない[原註2]」と、デンマークの神学者ヤコブ・ウォルフは書いている。

環境との出会いが倫理にかなったものであるためには、裏に隠れた意図がないことが前提である。倫理は環境の〈無距離〉の知覚から生じる。自然の直接経験においては、人間は自然と距離を置かずに、そこにある自然のなかにいる。つまり、自然の一部であるわけだ。自然を感じると同時に、自身を自然として経験する。そして、自然（nature）を経験するということは自らの本質（nature）を再発見するということなのだ。

自然の科学的理解

自然を経験する代わりに理解することを試みるならば、第1章で述べたように、そこから一歩引かなければならない。私たちは、言語表現を用いて自らを自然から分離するときにはそうしているわけだが、西洋文化はその好例といえる。言語による理解では、自然と文化の違いが重視されることになる。文化は自然「ではない」。自然は言語の外側にあるもの、つまり白紙のページである。

自然を科学的に理解するという方法は、人間と自然の間に意図的に距離をつくることから生まれた。精神的な次元は人間だけに属するものとされ、その残りが科学的な探求の対象となる、物質的な存在としての自然とされた。人間が精神性を独占して、周囲の世界には精神性をまったく認めなかったのである。その場合、自然を倫理的な意味で考えることはできなくなってしまう。ヤコブ・ウォルフが指摘したように、「生命のない物質は……私たちに気づかいや愛を求めない。大切にすることもできない(原註3)」からだ。私たちは、自然を一方的に理解することで、それを気づかう能力を失ったのだ。

言語以前の世界では、具体的な現実を知覚し、自然のうちに私たちの基盤があることを感じる。それに対して、科学によって私たちは、同じ現実を概念化された抽象像の形で理解する。科学は総体として体験される自然の独自性を顧みず、むしろ生物学的な呼称や言語的定義の範囲内に収まるような自然の一般的特徴を見るのだ。五感による直接知覚とは切り離されて、自然の質的経験が、自然についての量的データに置き換えられるのだ。

思考することによる時間差があるので、私たちは知性によって理解される現実の内部に身を置くことはできない。しかし、科学が出発点とする思考のモデルはあくまで世界のモデルであって、世界そのものではないことを忘れてはならない。二人のアメリカ

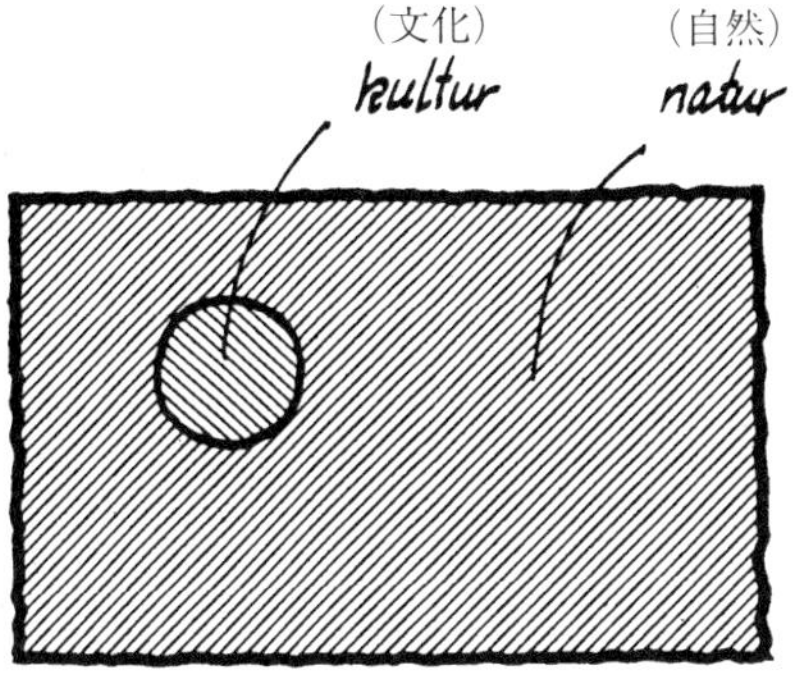

図 2. 2：文化と自然：言語は文化を自然から切り離す。文化は自然ではない。また、自然は文化ではない。

図 2. 3：抽象化のルーツ：言語を基盤とする文化も自然にルーツを求める－オーフス（Århus）市近郊のミンデパーケン（Mindeparken）にあるネイチャー・アート（ヨーン・ルンナウ『言葉の円すい（The Cone of Words）』

人、元世界銀行総裁のハーマン・デイリーと神学者ジョン・コブは、彼らの著書『For the Common Good（共通の利益のために）』で、抽象化とは現実を還元したものだということを私たちは忘れがちだと指摘している。（原註4）私たちは、具体的なリアリティとの接点を失った、抽象の世界に入り込んでしまったのだ。つまり、文化が自然に根ざすことを忘れてしまったのだ。

　デイリーとコブは、抽象が具体的現実とのつながりを欠いていることが環境危機の主な原因だと考えている。プラニングのもとになる還元主義と、環境問題が経験される現実の間にもはや調和は見られない。だから、抽象的思考と具体的現実の関係を再構築しなければならないのだ。

　ここで、美学が登場する。辞書によれば、「美（aesthetics）」は古代ギリシャ語で「知覚された・直観されたもの」を意味する「aisthetikos」を語源とし、もともとは「観察に助けられた気づき」という意味だった。美的な概念では、世界を経験することとそれを意識することには密接なつながりがある。世界から距離を置くことで成立する知性による理解とは対照的に、美的概念は具体的現実の経験と深く結びついている。美の世界では、意識は直接知覚の直接の結果である。美のイメージは、前言語的経験と言語的理解の中間領域に現れるのだ。

芸術と建築

言語的文化では、芸術も建築も「文化」ではない。定義からして、芸術も建築も総体的なものだからである。だから、スウェーデン生まれの芸術家イングヴァール・クロンハンマーは、自分の作品を「チョウチョウをピンで留めるように、細かく分析されて利用されたくない」と強調したのである。（原註5）科学は、自然現象を言葉で記述できるレベルまで定義づけする。しかし、「定義する」ということは「決定づける」ことでもある。科学的定義によって自然は決定づけられ、それがゆえに議論はそこで止まる。つまり、チョウチョウはピンで留められてしまうのだ。

芸術の総体性は、前述したように、前言語的経験と言語的理解の中間領域、つまり生きたチョウチョウと記述されたチョウチョウの

図2.4：美の位置：図2.2の断面図はこのように描くこともできる。芸術も、建築も、塀のどちらかの側につくられるのではない。美の表象は塀（境界線）に沿って展開する。

中間に、美の表象という形で出現する。美は、自然と文化の境界に生まれるのだ。

芸術家は、この境界に沿って活動する。だからといって、芸術がその境界を定める柵だというわけではない。アメリカの文筆家であるジェイムズ・カースは次のように言う。

「芸術家は作品を創造するのではない。作品を通じて創造するのだ（原註6）」

芸術は境界そのものではなく、境界を具現化したものである。そして、芸術は作品そのものではなく、作品のうちにリアリティを創造することである。

芸術は自分自身の姿が映らない鏡のようなものだ。芸術作品を経験するとき、鑑賞者はそれまでは見えなかった何かを垣間見ることになる。芸術を体験することで鑑賞者の側に創造的な行為が引き起こされ、新しいリアリティが見えるようになるのだ。そこに現れるのは、自然に新しい光を当てることで見えてくる文化の姿である。芸術は文化を育て、文化でないもの、つまり自然の見方を変えるのである。そして、美の経験から新しい自然観が描きだされるのだ。

芸術家と建築家は自然と文化の境界線上にいる。そして、常にその境界線を動かしている。デンマークの文芸批評家であるスヴェン・エリック・ラーセンによれば、この境界線の引き方は環境危機と直接関係しているという。

「今日、自然が危機にあるというとき、それは自然と文化の間の境界線が危機的な状況に置かれているという意味だ（原註7）」

図 2. 5：経験の墓碑銘：芸術はリアリティを創造する。それまでの経験は葬られ、新しい経験が生まれる。ヨーン・ハウゲン・スーレンセンはこの彫刻を誠実に『経験の墓碑銘(Epitaph for an experience)』と名付けた。

ここに、アーバンエコロジーと美学が深く結合する場がある。芸術や建築を経験するとき、鑑賞者の視点は揺り動かされ、新しい体験、新しい真実、新しい理解の枠組みのための前提条件が整うことになる。既存の枠組みは破壊されて、新しい枠組みが生まれるのだ。それによって、自然と文化の間の既成の境界が破壊され、環境重視の文化が芽吹くのである。

第3章 場所・空間・インタフェース

第1章では、世界を探索するのには異なる三つの方法——前言語的経験、言語的理解、イメージの創出——があることを述べた。それぞれの方法は、それぞれに特有のパラダイムや世界観、つまり特有のリアリティをもっている。ここでは、これら三つのリアリティを〈場所〉、〈空間〉、〈インタフェース〉と呼ぶことにする。〈場所〉では、人は感覚によって世界を知覚し、世界は直接、総体として経験される。〈空間〉では、人は知性によって世界を探索し、世界の各部の概念形が理解される。〈インタフェース〉では、人は創造性によって世界を開拓し、部分部分を全体に結びつけるつながりを強調したイメージをつくりだす。

これらの三つのリアリティは、それぞれの美学に基づいたものである。本章では、それぞれのリアリティにおける美学と人間と自然の関係について述べ、続く各章では、二〇世紀のデザインと環境問題への取り組みを三種類の美学の観点から光をあてていきたい。

〈場所〉の美学

〈場所〉は、人々が感覚によって経験する現実である。感覚を用いて探索するとき、人は感覚の届く範囲に限定された、現前の環境に着目する。つまり、現前の環境から離れた概念的な世界を想像することはできない。知覚される現実では世界と世界像の間に隔たりはなく、すべては周囲に見いだされ、世界は全体として経験されるのだ。

場所においては、世界の総体的な概念が浮かび上がってくる。人は〈無距離〉の世界におり、個々の構成要素ではなく全体に焦点があてられることになる。自らの経験する世界とさらに外側の世界の関係を考えることはないし、主体と客体、身体と精神の違いも意識しない。すべては一つで、超越的な真理なども知らない。よって、世界は何の先入観もなく経験されて運命が支配することになる。

場所の〈無距離〉の現実では、人間は自らの周囲から自由になることはできない。そこには、ローカルな地域の条件に従った、場所に縛られた文化が生まれる。人間は、その場所の自然条件、歴史、伝統から自由になることはできない。もちろん、芸術家も自らのイメージや個人的な表現を自由に創造することはできない。〈場所〉の美学は、独立した思考から生まれた抽象的な表現という形ではつくられない。否、むしろその場所から生まれる印象表現の形をとる。要するに、〈場所〉の美学は具体的な現実からなっているのだ。

場所の直接経験においては、理性的思考は副次的な意味しかもたず、人は理性によって環境を理解しよ

図 3.1：ストーンヘンジ：土地に根ざし、謎に満ちた、〈場所〉のデザインの例である。

うとは思わない。場所の〈無距離〉の現実においては、人はすべてを正しく位置づけるような俯瞰的な視野をもたず、その結果、芸術家も背景と前景の明確な区別のない表現をする。このような〈場所〉の美学は、奥行きのない絵画表現に見ることができる。線遠近法[1]による図学的な描写が何世紀にもわたって支配してきたあとの今日、こうした描き方を生みだすのは難しいかもしれない。しかし、昔（とくに、線遠近法が発明されたルネサンス以前）はこれが普通の絵画的表象だったのだ。絵画は、奥行きのない、距離のない平面として描かれていた。

〈場所〉の美学は〈無距離〉の世界観に基づいている。同様に、宗教的宇宙観も美的表現から切り離されては存在しない。像自体から神聖さが発散し、絵を観る者は受容者の態度をとらなければならない。つまり、〈場所〉の美学は知覚者の創造性を指向するものではないのだ。しかし、像から知覚者が切り離されているのではない。むしろ、〈無距離〉の現実では知覚

（1）　透視図法（いわゆる「パース」）とも呼ばれる、三次元空間を幾何学的に二次元の画面に投影する図法。目に写る像を正確に描こうとするもので、視点（主体）と対象物（客体）の間を画面で隔てることから二元論的な主客分離を象徴するといわれる。図学的には単一の固定視点を中心に作図されるため「中心投影法」と呼ばれる（これに対するのは視点が特定されない「平行投影法」）。原書では文脈に応じて「線遠近法」「中心投影法」の二種類の表現が用いられている。

者は像との間に距離をつくりだすことができないのだ。だから、像から遠くにあるモチーフを想起することもない。知覚者自らの存在が像の作用の一部となり、現実と表象は一体となる。そのとき、像は「イコン」と呼ばれることになる。

　場所と結びついた文化では、個人よりは、個人がその一部であるような全体を見る。したがって、〈場所〉の美学は宇宙に光をあてる人工的なイメージではなく、人間を描きだす普遍的イメージの形をとる。芸術家は、周囲との関係において自分がどこにいるかを明らかには知らず、自分で選んだモチーフを描くこともない。このとき、芸術家は神をも含んだ全体の一部である。芸術家は、作品に個人的な意図を差し挟まない。〈場所〉の美学は非意図的なのである。

　今、そこにある場所では、デザイナーは感覚に頼り、環境に痕跡を残すための高度な手段についての知識をもたない。芸術家は厳密な思考に基づいて作品をつくるのではなく、建築家も超越的なマスタープランに基づいて建物を設計するのではない。しかし、だからといって〈場所〉の美学が偶然性の産物だというわけではない。場所の現実では、すべての思考は目で見ることのできる環境から直接見いだされるものであり、デザインの原理もすぐそこの具体的な場所、つまり「トポス」から見いだされるべきものなのだ。

図 3. 2：イコン：14世紀ビザンチンのイコン――奥行きのない絵画の例。背景には金箔が張られているが、これは聖性を表す。

そこで、建築はトポロジカルな秩序の形をとる。

感覚によって世界を経験するとき、一つの特定の場所に注意を向ければ向けるほど多くの場所が共通してもっている性質を見過ごしがちである。この傾向は、その場所の交感的な理解と場所固有の条件への配慮から生まれる都市や建築に見ることができる。その地域の性格と場所の顕著な特徴（ゲニウス・ロキ[2]）が、場所ごとに違う建築を形づくるのだ。

場所の直接経験においては距離は存在せず、精神世界も物質的な環境と密接に分かちがたく結びついている。神はそこにおり、あらゆるところにいる。このことは、建築の内部空間と外部環境との強い結びつきを特徴とする〈場所〉的な建築で体験することができる。つまり、神は遍在し、建築も霊的で、文化と自然の境界もあいまいで、その境界を理解することすら難しい。このような建築では総体性はそこなわれておらず、建築はすぐ周囲の自然と不可分に一体化している。自然の延長のように、建築は自然から生みだされているのだ。

（2）古代ローマ人のもっていた観念で「場所の守護霊」という意味。

図 3. 3：場所の秩序：ハマール（Hamar Cathedral）大聖堂を実測したノルウェー人建築家スヴェーレ・フェーンは、「この廃墟は、今日の精密さから見ればひどく不規則である。しかし、カテドラルの建設者の技は、その人のリズム、地形、太陽、風、雨によって規定されていたことを考えると違ったふうに見える」と述べた。外からの観察者には、デザインがランダムに見えるかもしれない。しかし、その場所では偶然は何もない。すべてがローカルに根ざしている。

図 3. 4：〈場所〉の美学

a. ギリシャの都市

b. ユダヤ人墓地、プラハ

c. デンマークの伝統建築

d. ドイツのランドスケープ

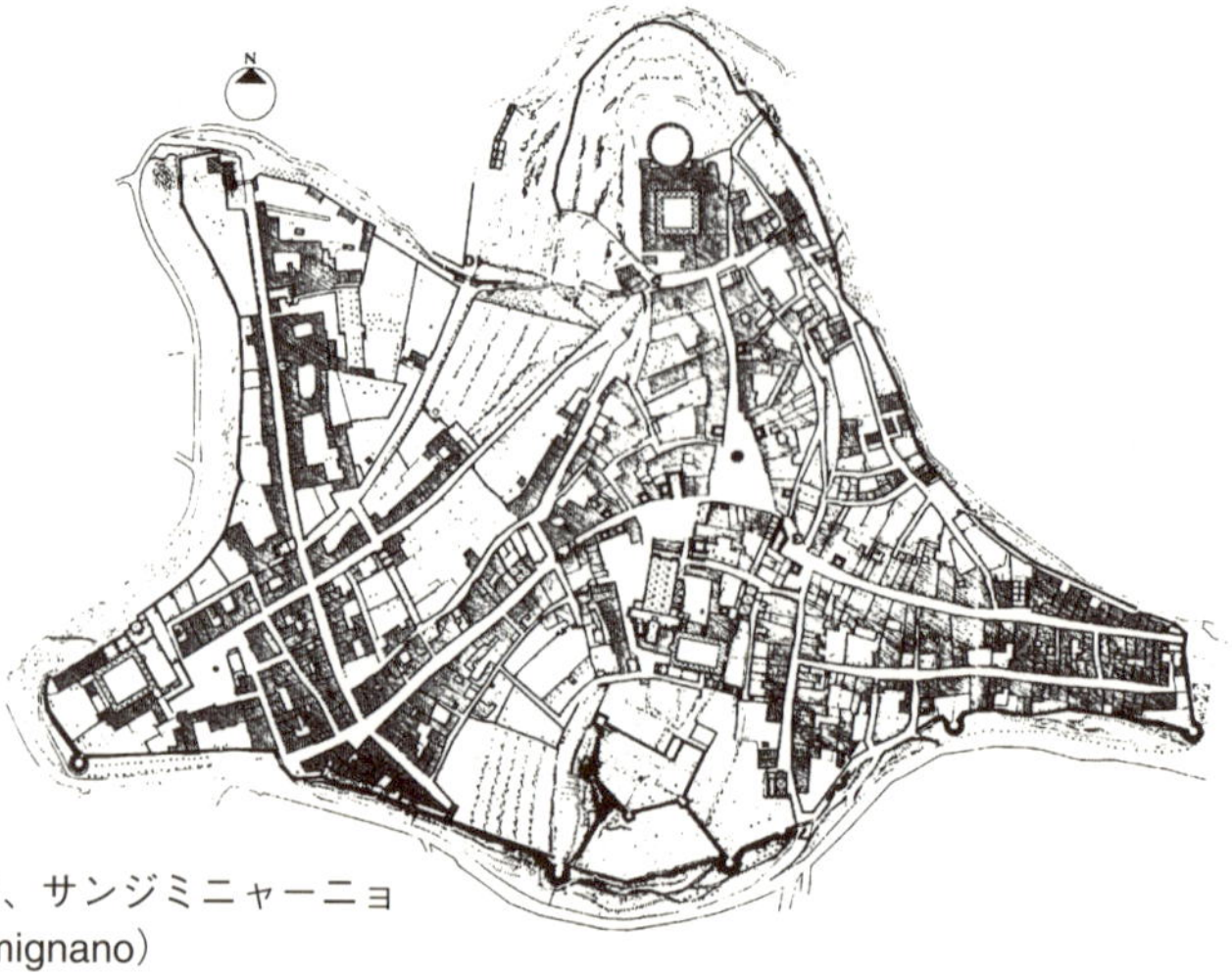

e. イタリア、サンジミニャーニョ
（San Gimignano）

図 3. 5：ヴォー・ル・ヴィコント（ Vaux le Vicomte）場所の特性を従属させる幾何学的秩序は、〈空間〉の美学を表すものだ。

場所のホリスティックな概念では、神、人間、自然は一体である。人間は神の精神のうちに暮らし、人間と自然の関係に対する倫理的な要求も自明である。自然を魂のあるもの、人間の領域を離れて存在価値をもつものと考えるのだ。したがって、場所に根ざした文化は自然に対する人間の侵食と搾取を戒める自然観をもつことになる。また、自然との配慮に満ちた優しい関係のあり方には、場所に根ざした文化が周囲の自然に深く依存していることから来る実際的な理由もある。人間は、自然への依存を自らの身体を通じて直接的に経験するし、場所の感覚経験では、人間は知覚された世界のなかにそのまま臨在する。つまり、人間は自然と一体で、自らのルーツと密接につながっているのだ。

〈空間〉の美学

〈空間〉は、あなたが知性によって把握する現実である。知性の助けを得て自分の位置を確かめるとき、目に見える範囲の環境から離れた観念の宇宙への洞察を得ることができる。すべては、高みから見た、世界が概念形として理解される現実に凝縮されるのである。

このように、空間は二元論的世界観に基づいている。思考は身体から離れたところで生みだされ、人間は周囲から自らを切り離し、意識をもつ主体として客観的な真理を洞察する。こうすることで物事の真の意味が理解され、偶然に委ねられる部分はなくなるのだ。

　このような空間を創出する文化における人間は、周囲を取りまく世界を理解しようと望んでいる。その努力の一環として、人は周囲から切り離されたアルキメデスの点に自分を置くことで、すぐそこにある現実から離れて概念的に現実をとらえようと試みる。そして、芸術家は一連の理想形を熟知し、それを用いて環境に形を与えることで円熟した思想の表現としての美を創造する。〈空間〉の美学は抽象的な現実を反映するのだ。

　知性によって世界を見るとき、総体性は弱められて個々の部分が想起されるようになる。空間創出的な視覚芸術では、絵画の構成要素の間に何ら

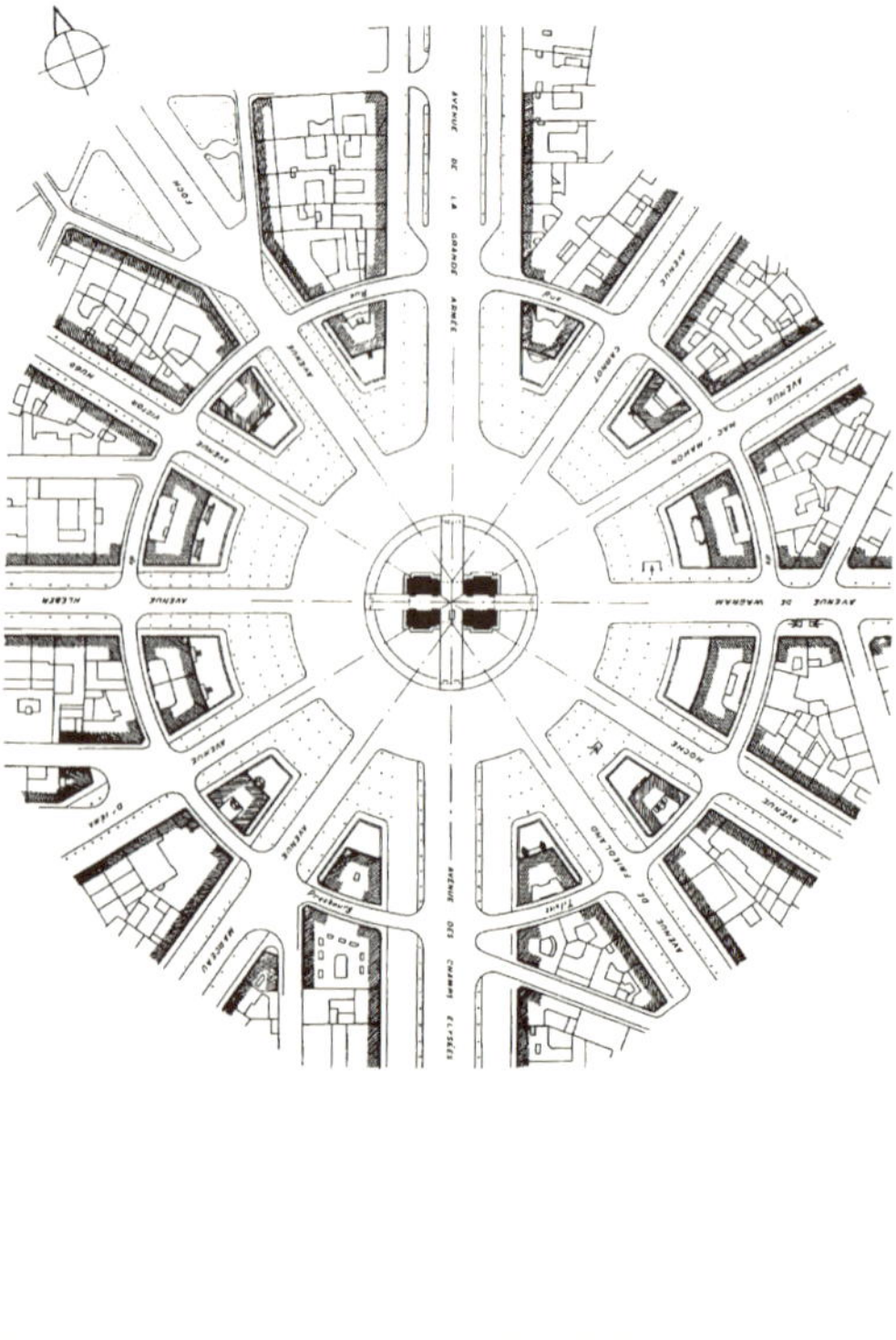

図 3. 6：幾何学的秩序：パリのエトワール広場のデザインは、特定の場所ではなく超越的な観念から生まれたものである。

かの距離が存在し、それぞれを別々のものと考えることができる。つまり、絵画の一部分に焦点があてられ、これが前景となって残りは背景になる。ここに、空間性、つまり奥行きが存在することになる。

　距離を置くという空間の性質は、美的経験にも大きな影響をもつ。空間の美を経験するとき、絵画を観る人はその絵画の一部とはならない。なぜなら、まさに鑑賞者として絵画の外に置かれるからである。絵画の直接的な作用が重要なのではなく、その作用が表す、より高次のリアリティが重要なのである。絵画は知覚される環境から隔たった純粋な現実、つまり真の宇宙を模倣した表象である。〈空間〉の美学は、表象によって形成されるのだ。

　空間の世界の芸術家はユートピアを求める。知覚される環境を理想の光で照らすような、調和した秩序をつくるのだ。そこに表れるのは、完全な

図3.7：明確な輪郭：周囲から自らを切り離す文化の空間計画

イメージ、観測され理解されうる秩序ある宇宙の忠実な写しであって、予測不可能な目先の現実ではない。デザイナーは目に見える、天国のような「美」を具体的な環境においてつくりだそうとする。芸術の目的は、鑑賞者を高みにある本当の現実に導くことだ。だから、〈空間〉の美学は特別な目的をもっていることになる。つまり、意図的なのである。

空間の文化では、芸術家は知覚の範囲外にある概念に基づいて作品をつくり、建築家は都市と建築を上からの秩序によって形づくる。空間のデザインは、超越的な思想――計画――を出発点として成り立っており、その場所における今現在の状態は軽視される。このようなアプローチは、幾何学を支配的な原理とする芸術や建築に見ることができる。場所のトポロジカルな秩序は、空間の幾何学的秩序より下位に置かれるのだ。

空間の思考では、人間は知性による理解を求め、あらゆる時代と場所で有効な普遍的な概念を中心に据える。ある一つの場所の状態ではなく、無数の場所に共通する特徴が問題なのだ。その結果現れるのは、デザインがローカルな特徴よりも普遍的有効性を表現する文化である。すなわち、場所の感触から生まれた建築ではなく、理想的なコンセプトの表現として計画された建築や都市が出現するのである。空間の世界では、すべての場所は等価で、普遍的原理を背景としてつくられる建築はユニバーサルなものとなる。

空間の世界観では、精神性は現前の環境からは切り離され、それと同じく空間の建築も精神性をもたない物質的な存在となる。建築は壁の間の「空虚な空間」としてではなく、壁やファサードとして姿を現す。建物は、ファサードと重々しい壁によって、目に見える形で建築空間を明確に切り取ることになる。内部空間と外部環境を分け隔てる輪郭線によって、建築は文化と自然の間に明確な境界を設けるのだ。

図 3.8：〈空間〉の美学

a. ヴィラ・ロトンダ（アンドレア・パラディオ）、1550年頃

b. デンマーク、フムレベック（Humlebæk）の墓地

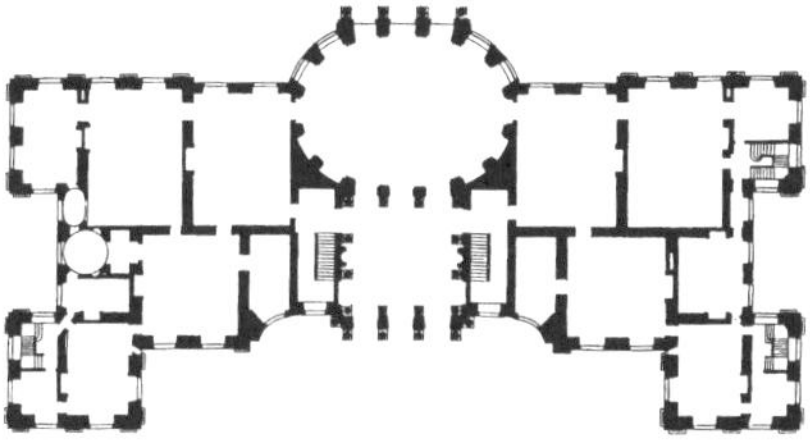

c. フランス、ヴォー・ル・ヴィコントの宮殿

d. 刈り込まれた植え込み、デンマーク、フレデンスボー庭園（Fredensborg）

e. 古典的理想都市

空間の世界理解では、現前の環境は精神性をもたない物質におとしめられてしまう。これでは、人間が倫理感を正しく投影することができない。自然は物質的な客体ととらえられ、人間が与える以外の価値をもたないことになってしまう。空間創出型の文化では、自然は人間が思いのままに利用してよい資源だという自然観が生じてしまうのだ。

空間の文化によって人間は環境を理解しようとするようになり、環境から距離を置くことになった。そして、自然を理解するという行為によって、人間は自然と対立する関係に置かれたのである。人間は、空間を工夫しながら、自然のなかにある自分のルーツを引き抜くことに懸命なのだ。

〈インタフェース〉の美学

〈インタフェース〉は、私たちが創造性によってつくりあげる現実である。創造的なプロセスに身を置くとき、私たちは感覚の助けによって探索しているわけでもないし、理性の助けで定位しているのでもない。むしろ、創造性は、感覚入力と理性的な熟考の絶え間ない相互作用から生まれる。これは、感覚に依存する場所と理性に依存する空間の間で起こる。この、間にある場は今まで潜在的なものだったが、ここで世界は新しい光に照らされるのだ。すなわち、感覚と思考をともに含む総体的な表象――イメージ――が生まれる。

インタフェースは、全体と個々のどちらに注目しようとは考えず、両者の相互依存的関係に注目して部分と全体の両方に焦点をあてる。インタフェースの世界理解は文脈依存的である。場所と空間の間におけるインタフェース的運動では、新しい経験が新しい意識への道を開くことで世界は常に新しい光で照らされることになる。文化は単一のイメージに収斂《しゅうれん》するのではなく、経験される出来事も一つの固定的な枠組みで理解されるのではない。インターフェースは変化に対して開かれていて、ここには、一つの客観的な真実ではなく無数の真実を含むハイブリッドな文化が生まれる。インタフェースの真理は相対的である。

　インタフェースの文化では、人間は自らの限界を受け入れる。知性が世界の理想像だけに夢中であることを知り、人間ではコントロールできない大きな全体を意識することになる。人間の自由はかぎられており、芸術家の仕事は個人の表現が根ざすことのできる基盤を探すことである。よって、芸術家は抽象的な思考をある具体的な場所に設置する。インタフェースの美は、抽象と具象の結合にあるのだ。

図 3. 9：ロバート・モリスの展望台：アムステルダム近郊フレボランド（Flevoland）にあるこの展望台は場所の美学を暗示するように見える。しかし、場所の美学との大きな違いは、この土地に根ざしたインスタレーションが詳細に計画されていることだ。

〈インタフェース〉の美学は、感覚的印象が常に新しい表現に写される鏡のようなものだ。鏡像はさらに新しい形の構想へとつながり、世界は常に新しい関係性、新しい視点から見られることになる。美的表象は、複合的な面、いくつもの異なるパースペクティブからなる「コラージュ」になる。インタフェースの文脈依存的な性質は、イメージの内部の関係と外的条件との相互作用が注目されるインタフェースの美学に現れる。

　インタフェースの美的表現は、その状況のコンテクストで経験されなければならない。そして、視覚体験は知覚されるものと知覚する者の間の緊密な相互作用のうちに昇華する。イメージは、そこから離れて立つ受け身の鑑賞者ではなく、創造的なプロセスに直接引き込まれた能動的な観客によって知覚されるべきものだ。このようにして得られる美的体験は、観客に新しい心象を呼び起こす。そして、新しい経験によって新しい現実が見えてくる。観客は周囲に対する見方をつくりだし、自らのリアリティを創出する、自らの王となる。よって、リアリティは完成品の形ではなく、生きた発達のプロセスという形をとることになる。〈インタフェース〉の美学は、創造的プロセスによって形成されているのだ。

　インタフェースの芸術家は、ユートピア的世界を表現した完全無欠な作品はつくらない。どこか遠くにあるゴールを目指す代わりに、開かれたプロセスのなかに作品を置くことを選ぶ。それゆえ、芸術家は支配者の役割から一歩身を引き、予期できない自己生成的な形が生まれる道を開けることを自発的に選ぶのだ。つまり、計画されない出来事が起こるための基礎を計画するのである。そのため、形は意図を表すものではなくなり、非意図的になる。〈インタフェース〉の美学は、意図的に非意図的なところにある。〈インタフェース〉の美学は、空間の世界の、理想の形態に従って一方的につくられるものではない。ま

図 3.10：積極的関与：エリック・アンダーセンのインスタレーション『嘆き叫ぶ石（Wailing Stones）』の意図は、作品が鑑賞者の涙で形づくられることだ。芸術作品の創造と経験は一体で、デザイナーは創造するという行為の一部を手放して偶然に委ねた。

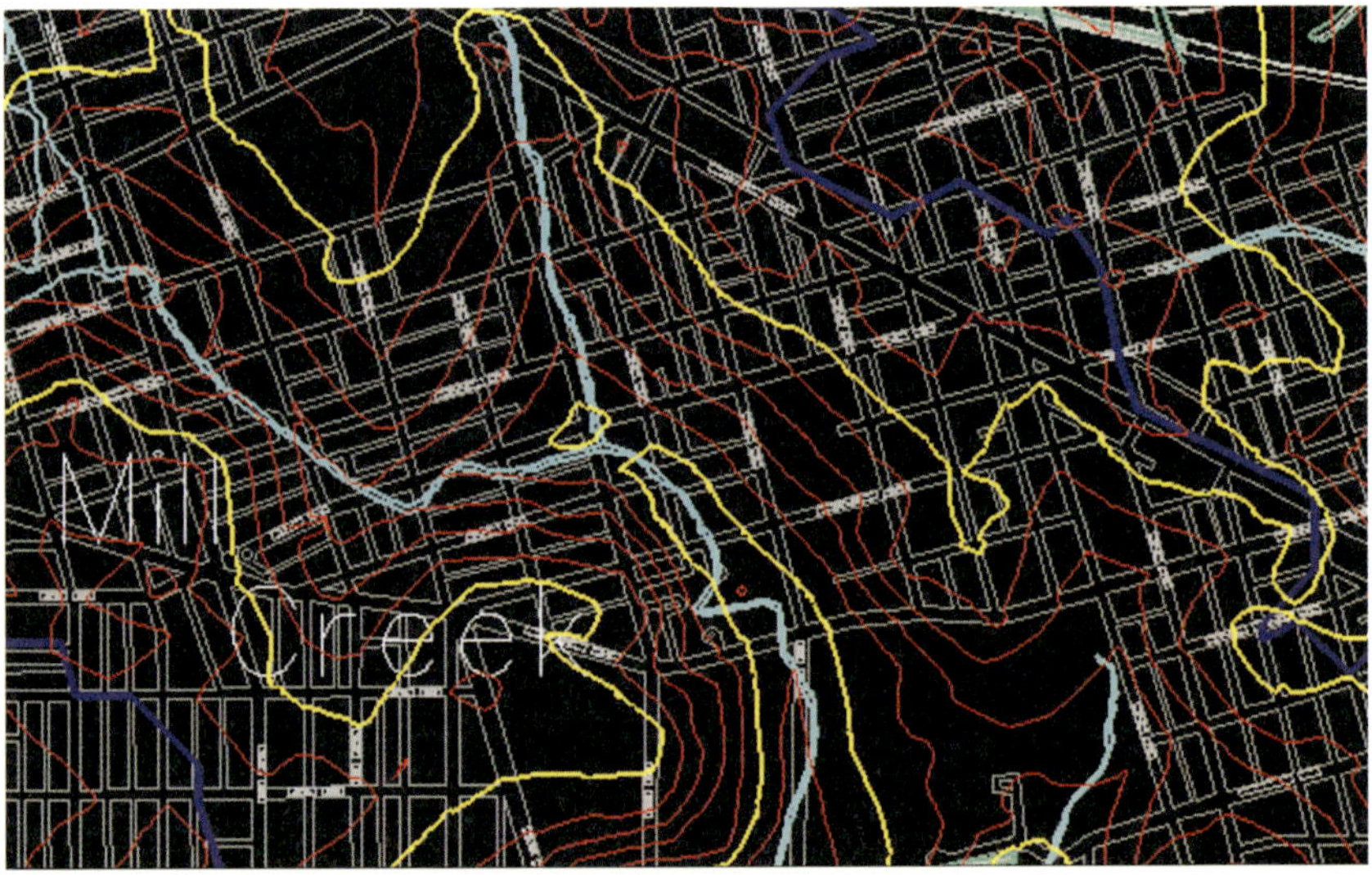

図 3.11：都市の基盤：ボストンのミル・クリーク地区の近代的都市計画は、地形的特徴を無視したものだった。図からは、道路が等高線と無関係であることがわかる。もともと流れていた川も地中のパイプに通されて見えなくなってしまったため、住民は川のことを忘れてしまい、どうして水害や洪水が起きるようになったかを理解できなかった。アン・ウィストン・スパーンによる後の計画は、地域の自然特性から出発し、それによって川も再び地上に出された。

表 1：場所、空間、インタフェース

〈場所〉	〈空間〉	〈インターフェース〉
感覚の世界	知性の世界	創造性の世界
総体的（ホリスティック）	二元論的	文脈依存的
無距離	距離生成的	距離を作り、壊す
具体	抽象	具体と抽象の結合
人は創造性をもたない	芸術家は自由な造物主	個人が自らの主である
非意図的	表象＝イメージは現実を再現	意図的に非意図的
イコン＝イメージが現実である	意図的	創造＝現実はイメージの内に
位相的（トポロジカルな）秩序	幾何学的秩序	位相的秩序と幾何学的秩序の出会い
原始文化	言語文化	イメージ文化

た、一つの場所に完全に同化した作品をつくるものでもない。新しい形、新しい意味が、場所の原初的性格と空間の概念形の出会いから生まれてくるのだ。よって、インタフェースはトポロジカルな秩序と幾何学的秩序の遭遇のなかに立ち現れる。

インターフェースは、場所と空間のどちらかの犠牲の上に立って生起するわけではなく、それらの相互作用から結実するものである。建築家は場所を犠牲にして理想的なコンセプトを描くのではなく、また空間を俯瞰する視野を犠牲にして場所の精神（ゲニウス・ロキ）を明らかにするのでもない。インタフェースにおいては、ユニバーサルな空間が原初的な場所とあわさり、根無しの知性がつくりだしたものとは違う表現をとることになる。

インタフェースにおける文化は、固定的な形ではうまく表現できないような絶え間ない運動として発展する。建築空間は不定形な形をとり、建物と周囲の境界はぼやけて生きた建築が生まれる。内部空間は外部と近いものとして経験され、文化と自然の境界線は目立たなくなる。

場所と空間を区別することは、自然と文化を隔てることである。インタフェースにおいては、両者の違いが出合って自然と文化の相互関係が注視されるのだ。それにより、文化が自然を基盤として成立することの真価を認め、自然を利用することの限界を定める自然観が生まれる。そして私たちは、自分自身のためにも自然を大切にせざるを得なくなる。インタフェースの世界では、私たちは自らのルーツを確かめて自然と一体になるのだ。

図 3.12：インタフェースの美学

a.「ローマ住宅」デンマーク，ヘルシンゴー（Helsingør）：伝統建築にルーツをもつ現代の住宅（設計：ヨーン・ウッツォン）

b. モーエンス・コッホの墓

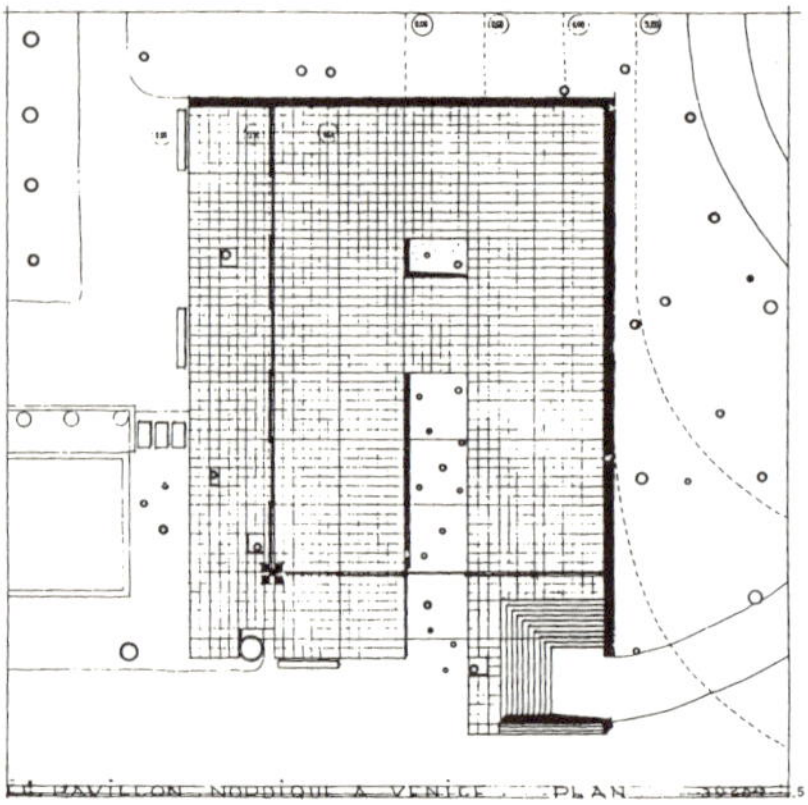

c. ベニスの北欧館：構築された環境と周囲の緑との出会い（設計：スヴェーレ・フェーン）

d. ベルリンの庭園のディテール（コンセプト：ファルク・トリリッチ）

e. インドネシア、プロマス（Pulomas）の都市計画：幾何学と有機体の遭遇（設計：ペーター・ブレッズドーフ 他）

第4章 変わりゆく世界像

この章では、先述した三つの概念である〈場所〉、〈空間〉、〈インタフェース〉の観点から文化とデザインの潮流を考察する。前科学的な世界観では、人間は具体的な場所の直接経験を重視した。ゆえに、世界は平らで絵画には奥行きがなかった。そして、ルネサンス期に生まれた科学的世界観では、人々は外にある世界を理解することに努めた。その一環として、抽象的な空間への洞察を得るために、環境から一歩下がって距離を置くことを覚えた。芸術表現では、絵画のなかの奥行きという形で表現されたのが、この距離である。

以下の章では、これらをふまえて今日の環境問題を見ていくことにする。環境問題の根幹には、科学的世界観と距離を創出するという〈空間〉の特質によって、人間が自然と敵対する位置に立つようになったことが挙げられる。だから、二〇世紀美術の流れが〈空間〉の美学に疑問を投げかけているように見えることに意味があるのだ。線遠近法の奥行きが消え、再び現実と表象が一つであるような平面的な絵が広がっている。かすかに見てとれるのは、人間を自然との関連においてとらえるという自然観の兆候である。

前科学的な世界観

狩猟・採集生活を送っていた私たちの祖先は、自然と調和して生きるネイティブアメリカンのような世界観のもとに暮らしていたと想像できる。人間は環境の一部として生き、自らを他の生き物と同列の存在だと考えていた。人間は全体の一部であり、それをあえて「理解する」努力はしなかった。理想の宇宙についての知的洞察を獲得することよりも、現前の周囲の環境との感情的な同一化のほうが重要であった。つまり、前科学的な世界観をもつ人間は〈場所〉の文化のうちに生きていたのである。

前科学的な世界観では、人間は環境との間に距離を置かないので、自らの生きる世界をさらに外側の世界との関係において理解することはできなかった。人間は自らの置かれた状況を意識的には把握しておらず、個人的な態度も重視されなかった。それは、この時代の芸術と建築に現れている。クヌード・アイラー・ロイストルップは、ジョバンニ・ベリーニの描くマドンナ像の感情表現について次のように述べている。

「それが誰であるにしろ、描かれた若い女性がどのような性格で、どのように考える人か、その絵は何も明瞭には示さない。その女性は、感情をもった主体としては描かれていない。つまり、個人を表現することが芸術家の意図ではなかったのだ。ある個人ではなく、その人が一部であるような全体が評価されているのだ。遍在する神の予感を表現する絵画において、聖性は個人を犠牲にして出現するのだ」

図 4. 1：聖なるモチーフ：前科学的パラダイムは宗教の領域にモチーフを求めた（ジョバンニ・ベリーニ「聖母子」1465年頃）

ベリーニの作品は初期ルネサンスに分類されるが、それでも中世の前科学的な世界観の特徴を含んでいる。先に述べた、この絵における人間の位置づけは中世に独特のものである。要するに、個人は絵画の作用を受動的に受容する従属的な立場にある。しかしこれは、鑑賞者が絵画の作用から切り離されているということではない。鑑賞者は、そこに居ることで絵画の作用の一部なのである。他の存在と同様に、知覚者は絵画の宗教的な世界の一部である。そして、絵画の宗教的な内容にもかかわらず、それは神を描写したものではなかった。なぜなら、神は絵画から距離を置いて存在するものではなく、それゆえ神は絵画から独立したモチーフではあり得ないからだ。神は絵画のなかにあり、絵画自体が神聖なイコンなのだ。前科学的な世界観では、芸術は〈場所〉の美学として形をなすのだ。

当時の建築にもそれはあてはまる。中世の都市は、細い路地やヘビのように曲がりくねった道の両側に折り重なる建物の塊が高くそびえたつものだった。中世の都市においては、自分の位置を知るのが難しかっただろうと想像できる。なぜなら、俯瞰的に町を見わたすことができず、新しい建物が次々に垂直面として訪問者の目の前に出現して、前方への視界と見晴らしを常に遮っていたからだ。そのため、道を探すにはその場所を知らなければならなかった。

中世都市の姿は、場所に根ざしたその時代の文化をよく反映している。人は、身体のすぐ周りの環境の体験にのみ込まれ、周囲の世界との関連が分からないので自分の位置も方角もはっきりと知ることができなかった。習慣や因習、伝統によって形づくられるローカルな文化に人は従属し、そこから個人が離脱できる自由はなかった。よって、人は与えられた世界の内部にとどまり、経験と世代を超えて伝えられる伝統に従って行動した。これが、〈場所〉の文化が維持されていた背景である。

図 4. 2：中世の都市空間：観察者の目には、中世都市は折り曲がる路地と垂直面からなる迷路に映る。俯瞰的な眺望は得られない。

前科学的世界観では、創造主と、彼の創造した自然との間に距離はなかった。神は現前の環境に見いだされるものだった。デンマーク語の辞書を見ると、今日では「耕す」ことを意味する「dyrka」は、古典北欧語では「あがめ、賛美する」という意味だった。自然と調和した暮らしを送る人々の「迷信」に満ちた文化は、太陽や月、雷、風、海、温泉、ときには特別な樹のような自然現象や聖なる場所を讃える自然宗教を生んだ。たとえば、クマは獲物であるのとまったく同時に守護神であることができた。自然は神の意思と見なされ、深い尊敬をもって手を加えられた。自然は、神聖で命のあるものだったのだ。

〈無距離〉の世界では、人間は自然を外的な存在としてとらえることはできなかった。また、人間は自らの自然からも距離を置いているのではなかった。人間は自然とともに自然のうちに生きており、人間の自然、つまり身体は祭りの儀式や踊りで讃えられた。多大な尊敬をもって自然には結界が引かれ、結界に囲まれたものは大切にされた。前科学的な世界観における自然観は、人間が自然を利用することを制限する効果があったのだ。

デンマークでは、人間と自然のこのような関係は中世までほとんど残っていた。しかし、農業が盛んになるにつれて「手を加えられた自然」という形の文化が生じ、文化と自然の違いも次第にはっきりとしてきた。キリスト教によって唯一の創造主という概念がもち込まれ（創造主は、当然、被造物からは距離を置いた存在である）、人間は自らを他の動物や植物よりも特別な地位に置くようになり、キリスト教による民間信仰の抑圧もあって新しいフロンティアが出現した。前科学的な世界観は解体しはじめ、人間は〈場所〉の世界から離れていった。

科学的な世界観

中世後期には、世界は神を頂点とするヒエラルキーからなるシステムとして理解されるようになった。神を賞賛する礼拝によって神はその場の環境からもち上げられ、その結果「二元論」が芽生えた。天は聖なるものの住処となり、地球は俗世に残された。精神と物質の間がこうして切断されたわけである。

これによって、科学的な世界観の基礎はつくられた。世界から距離を置くことで、それを「周囲にある」ものとしてとらえることが可能になり、人間はそれを精密に描写することができるようになったのだ。その結果、人間は現前の環境から感じとるのではなく、地図を参照して自らを定位するようになった。地図は環境を簡略化して表現したもので、そこには人間の考える観念的な環境の姿がある。つまり、地図は抽象的な空間からなるのだ。そして、科学的な世界観はやがて〈空間〉創出的な文化を生むことになる。

二元論的な世界観では、人間は特別な地位を占める。神は変わらずすべての創造主であったが、被造物とは距離を置くようになり、日々の営みは人間が監視することになった。人間は、半分精神、半分物質となり、神と自然を橋わたしすることになった。そして、人間は自らを、人間より劣る自然の管理者と考えるようになった。つまり、自然は塀の外の野生、臍から下の卑しい本能であった。また、宗教的な目標としては、精神性が高められるべきで、動物的で無味乾燥な自然の世界に属する肉体の野蛮は拒絶するべきものだった。要するに、自然は危険であり脅威であったのだ。そのため、人間は自然から自らを守らなければならなかった。

ルネサンスは、「野生の自然」をコントロールする試みの一端としてはじまった。科学の新時代を開いた哲学者の一人であるフランシス・ベーコンは、「知識は力なり」と述べた。これは、科学的知見によって自然をコントロールする力を獲得できるという意味である。自然は微細なディテールまで記述され、基本原理にあてはめられなければならない。こうして、自然の隠れた謎や驚くべき力を封じ込めることができるのだ。

その流れでいえば、アイザック・ニュートンは傑出した人物である。彼は自然が精神的な存在だという事実をひっくり返し、自然現象が物質と質量によって説明される機械論的な物理学を成立させた。もはや、自然は直覚することのできる精神性を帯びた総体ではなく、知性によって把握される個々の物質的な存在として考慮されるようになった。その結果、質量としてとらえられた自然は力学の法則に従うことになった。力学について知っていれば、自然を機械の動きと同じように因果関係の連鎖として記録して予測することができた。自然の法則は常にあらゆる場所で有効であった。科学的な説明はユニバーサルである。よって、科学的な世界観では唯一の客観的な真実が存在する。

ということは、科学的な世界観は〈空間〉の文化的形態の一つだといえる。これは、その時代の芸術と建築に見ることができる。ルネサンス初期には、前科学的な世界観からの決定的な断絶を示す新しい絵画表象が発展した。また、芸術において宗教的な物語や神話の生物が主題ではなくなり、人間や現実世界での出来事が描かれるようになったのだ。

もっとも重要な転換は線遠近法の発明である。線遠近法は（二五ページ参照）フィリッポ・ブルネレスキによって一四二五年ごろに開発された。（原註1）彼は視覚に関する幾何学的理論を準備するなかで、システマチ

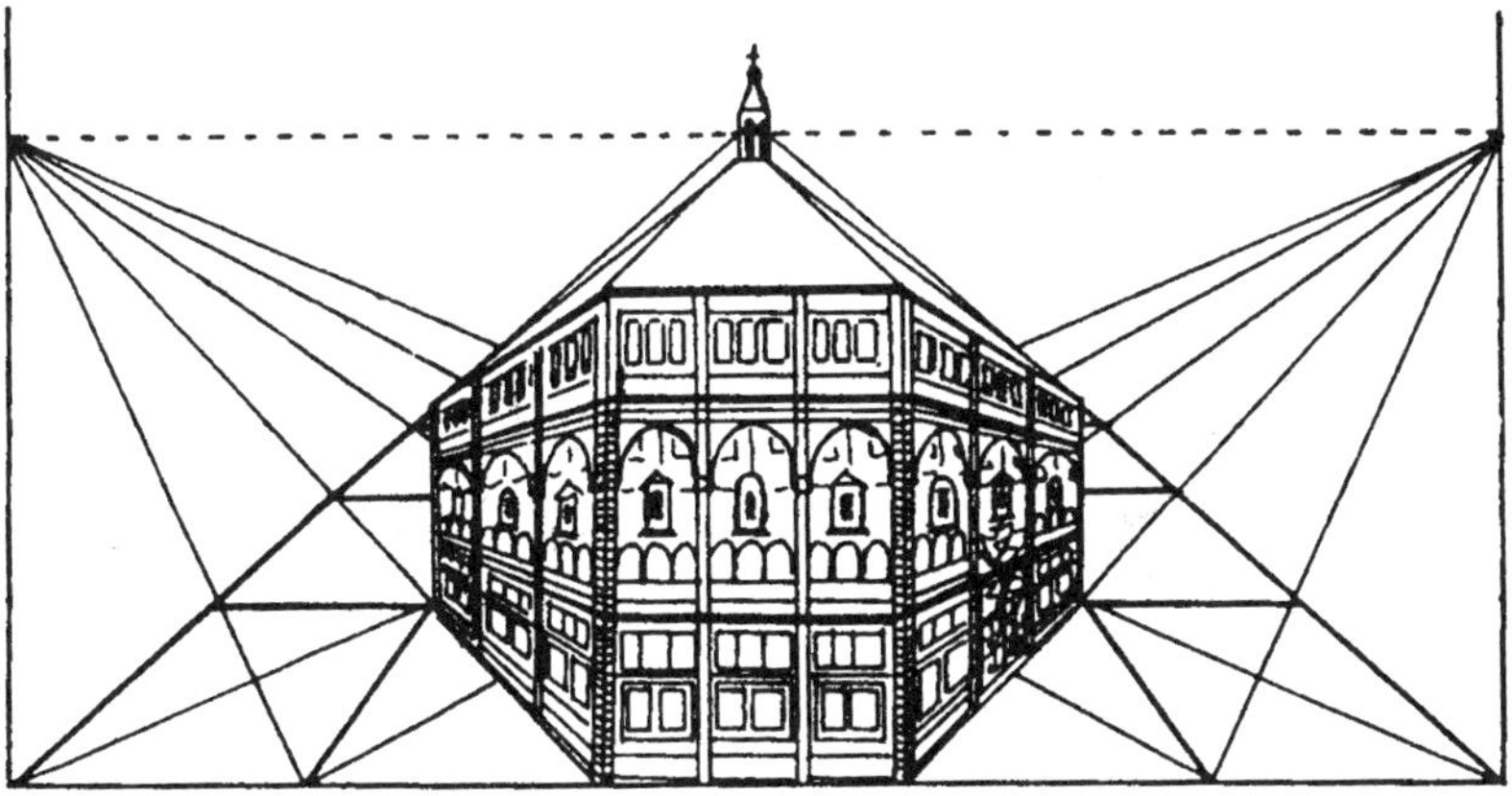

図 4. 3：線遠近法の発明：フィリッポ・ブルネレスキによって構築された遠近法

図 4. 4：モチーフからの距離：線遠近法における画面は、芸術家（主体）と描かれるもの（客体）の間のスクリーンとなる。画面が間にあることで、芸術家とモチーフの間には距離が保たれる。この距離は、視深度として絵画に表れる。（Jan Debreuil, La Perspective, I-III, Paris 1651）

図 4.5：俯瞰景：イタリア式庭園からは観察者が周囲のランドスケープを見わたし、支配することができた。自然のランドスケープは、秩序だった庭園と対比された。

ックに、確実に現実を細部まで正確に模写した絵を作図できるようにした。これにより、「奥行き」が絵画にもち込まれたのだ。

レオン・バティスタ・アルベルティはブルネレスキの考えをさらに進め、『デラ・ピチューラ』と題した絵画理論の本を著した。人間中心の世界観を基礎に、アルベルティは環境をより人間的なものにするという人文学の理想から出発した。アルベルティは人間を起点として、絵画の中心が見る人の視線の中心と一致するようにした。絵画のなかの動きはすべて、この一点に収束するようになっていた。線遠近法（中心投影法）は、今日のホログラム[1]とは正反対である。ホログラムでは、すべての点が全体に関する情報を含んでいる。線遠近法では、絵画から一定の距離を置いた鑑賞者の視線の焦点、その一点にのみ全体が存在する。

線遠近法は、このように科学的な世界観にとってきわめて重要な「距離」を顕示したものである。鑑賞者は絵画の作用の外に立つ主体となって、客体としての絵画を静観するのである。科学的な概念と同様に、線遠近法は抽象化によってリアリティを俯瞰、秩序、調和という古典的テーマに沿って描写するのである。

　科学的な世界観によって、精神性や霊性は現前の環境から追放された。人間の環境は、隠れた価値をもたない物質的なものとしてとらえられ、芸術家も外面的な見かけを描くことに専念した。アルベルティもそれに従い、「画家は見たものを描けなければいけない」と述べた。精神性は絵画のなかには存在せず、線遠近法によって確立された幾何学的秩序そのもののうちに表象されるのだった。

　科学的な世界観においては、芸術は〈空間〉の美学という形でつくられた。また、建築もそうだった。デザインは幾何学的な秩序によって決定され、不動の軸線で形づくられた都市、幾何学式庭園、そして完全無欠な建築の形態が実現した。建築空間は秩序と調和という古典的理想を表し、中心性を強くもっていた。中心からは全体を見わたすことができ、そうして訪問者は自らを定位することができた。

　もっぱら視覚世界を再現しようとしたアルベルティの精神に沿うように、この時期の建築は物質的要素として経験されるものだった。現前の環境に霊性は宿らず、建築は宗教的な内実をもたなくなった。神は分厚い壁の間（内部空間）にいるのではなく、建築の重要性は外面の表現（外壁）にあった。すべてが物質と見なされ、空虚な空間は拒絶された。そして、空虚への恐怖感である空間畏怖（Horror vacui）[2]がこ

（1）三次元画像を記録・再生する写真。

（2）自己の前に広がる空間に対して抱く恐怖感のこと。装飾の起源ともいわれる。

こに生まれたのだ。

建築が周りを取り囲む壁として構築されるようになって、環境と建築の境界は明瞭になった。外部と内部の境界線は不明瞭でなくなり、自然と文化の間の境界も把握しやすくなった。こうして建築は、空間の文化に特有の自然観を表すようになった。前科学的な文化が具体的な場所との同化を出発点としたのに対して、科学をもとに確立した社会は抽象的空間に基礎を置いた。そして、環境を理解する目的の一部として、科学は直接的な感覚知覚を度外視せざるを得なかった。なぜなら、そうしなければ環境から感情をまじえずに距離を置くことができないからである。つまり、主観的な印象から世界についての客観的真実に至ることはできないということだ。

自然の合理的理解のためには、測定でき、計量できる側面のみが重要であった。自然は量的に記述され、質的な感覚は従属的なものに追いやられた。このように、自然を人間や神と一体の生きた有機体と考える前科学的な自然観から、自然をただ物理的な存在と見なす科学的な機械論的自然観への移行が起きたのである。ここに、これ以降支配的となって西洋文明の発展の方向を決める自然観が打ち立てられたのだ。

こうして見ると、今日の環境危機はルネサンスまで遡る文化の帰結だと考えることができる。そのときに科学的世界観の一端として確立されたのは、自然が物象化されるような自然観、つまり〈空間〉の自然観である。物象化された自然には本来的な価値はなく、それゆえ人間は自然を自由に利用できる対象物にすることができたのだ。だから、環境問題を解決するためには科学的な世界観を精算し、抽象概念化という〈空間〉の文化の視野狭窄的な盲信からの脱却が不可欠になってくる。

よって、アーバンエコロジーは計画家がとっている過度に管理的な偏った視野と対決しなければならない。そして、アーバンエコロジーの建築は、〈空間〉の美学と距離創出的な思考を精算しなければならない。自然からもっとも離れたところにある〈空間〉創出型の文化と決別することが、アーバンエコロジーの中心的な努力になるのだ。

新しいパラダイムの萌芽

啓蒙思想によって自由な個人が生まれ、近代民主主義の理念が形成された。そして、合理主義が栄え、道理に従って決断する個人が自然からの自由を求めて奮闘していた。ロマン主義の時代にはすでに科学的世界観と軌を一にする冷静な思考方法からの脱却がはじまっていたし、急速に発展する都市のなかで居住者は疎外感を感じ、失ったアイデンティティを求めていた。人々はそれを自然に見いだそうとし、自然を神の意思が吹き込まれたものと考える科学以前の時代のような自然観が再び生まれた。

しかし、ロマン主義的な自然観は前科学的なそれとは大きく異なっていた。前科学的な世界観は全体を見たが、ロマン主義の人々は、たしかに自然に意味を見いだそうとしていたものの自然からは切り離されたままでいた。ロマン主義は、人間中心の世界観の枠組みのなかで生まれ、発達したのだ。自然のうちに自らの真実を求めはしなかったし、同様に人間の内なる自然を探ることもなかった。人々は、むしろ自然を背景として自らを見ていた。発見されるべきは自然や神ではなく、自分たちの鏡像だったのだ。やはり、人間が中心にいたわけである。こうして見ると、一般論をいえば、科学の時代は二〇世紀までずっとつづいたのである。

ここで、「文化（culture）」と「植民地（colony）」という言葉が同族であることに触れておきたい。どちらも、ラテン語の「colo」を語源とする。科学的な世界観は、人間が環境をコントロールして支配する欲望から生じた。また、周囲の世界を意識することで、それを自分の世界に取り込む欲求が生じた。そこで出てきたのが、自然をコントロールするところまで自然に分け入ってゆく文化であった。[原註2] 文化は環境を植民化していき、自然は文化によって次第に変えられていったのだ。

二元論的な世界理解の下で、文化による植民は世俗的な環境と精神的なレベルの両方に露呈した。後者では、科学による自然の記述という形で精神世界における環境の植民化は起きた。人間は自らを神の立場に置き、自然をその細部まで説明しようと意図した。いわば、人類は自らを宇宙の中心に置くことで、世界を理解する起点を「アルキメデスの点」にしたのだ。科学は信仰にとって代わり、人間は説明不可能なものを説明しようとした。そして、神は次第にその地位を失っていった。

この動きは、一九世紀がちょうど終わろうとするときに、フリードリッヒ・ニーチェが「神が人間をつくったのではなく、その逆だ」と述べたときに最高点を迎えた。神は人間の発明物となり、すべては単に人間の考えたものにすぎなくなった。要するに、人間はすべてを説明したわけである。これにより、知性による理解が天への信仰にとって代わった。知性的思考によって、人間は宗教的空間の植民化を完遂したのだ。

もちろん、世俗的な環境を見ても西洋文化は地上の世界を植民地化することに成功した。そして、世界を地図に表すことで人間が世界全体を概観できるようになると、この時代のヨーロッパは、征服して西洋世界に組み込むことのできる新しい領土を常に求めるようになった。科学の時代は、偉大な探険者と征服

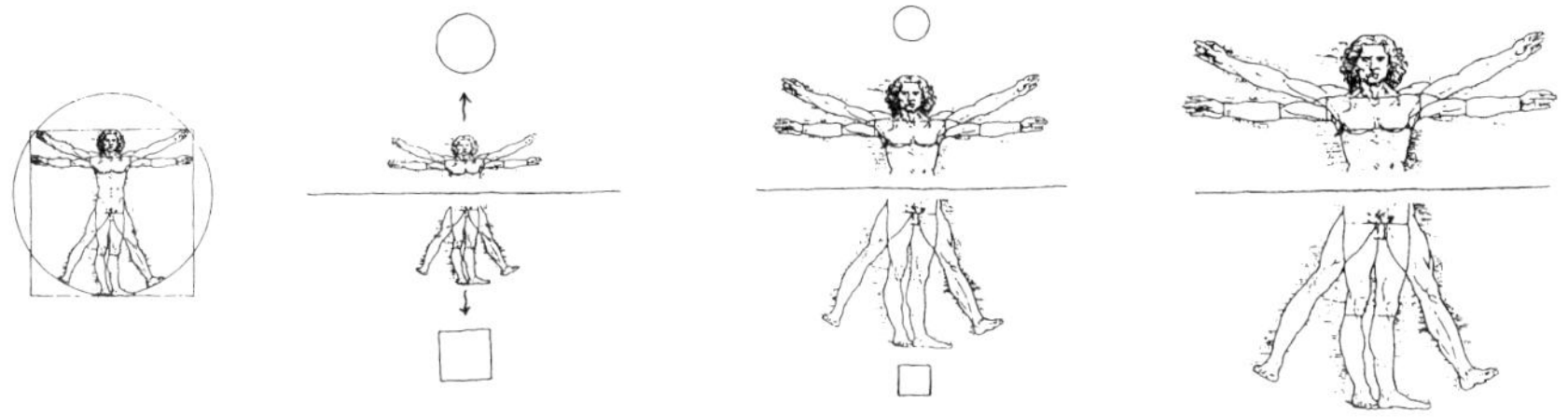

図 4.6：二元論による支配：かつてはすべてが一体だった。二元論の到来によって、世界は天と地に分かれた。同様に、精神と肉体に分離した人間は世界の中心に自らを置いた。人間は知性によって天空に向かうのと同時に、物理的に地上の環境に入り込んでいった。やがて、人間は周囲をすべて植民地化した状態に達することになる。

者の時代でもあったのである。この延長上で、植民地化が頂点を迎えることになる。

やがて、西洋文明は植民可能な未発見の（純粋に地理的な意味での）領土を見つけることができなくなった。そして、征服地を広げるためには月まで旅をしなければならなくなったのだ。動物の王は動物園に追いやられ、いまや私たちは、常に監視された保護地でしか「野生の自然」を体験することができなくなった。科学的な世界観によって見いだされた自然はもはや存在しない。人間は、自らを神の立場に置き、神は彼の創造物（自然）をもって墓場に行ってしまった。

ルネサンスにはじまる西洋の支配志向の文化がその限界に届くと、それは次第に意義を失いはじめた。神とすでに決着がついたことで人間は自らの主になり、自由になったのだ！　しかし、神の喪失、周囲の自然の完全な支配によって、人間は意味を見いだすための対蹠点《たいせきてん》を失ってしまった。自らを相対してとらえる背景がなくなり、突然、何も見えなくなってしまった。

宗教的宇宙も地上の環境も、すべて人間世界に併合されてしまった。しかし、二元論的世界観では物事はすべてその対極があるから存在するのである。よって、人間世界も自己を環境と対置することができなくなると消えてしまうことになる。科学的な世界観は、皮肉にもその目的を達成すると同時にその存在基盤を打ち消してしまった。つまり、科学的世界観の役目は終わったのだ。

だから、私たちは新しい理解の枠組みを考えなければならない。もし、科学的な世界観が外縁まで達し、もはや「外的な自然」を見ることができなくなったという仮定が正しければ、別の種類の自然に光をあてる新しい世界観を見つけなければならない。要するに、新しい自然が必要なのだ。なぜなら、基盤となる自然なしに私たちの文化は存在できないからである。

かくして、外的な自然が隅々まで探険されたあとに、人々は「内的な」自然を探求するようになった。これは心理学という、人間の精神、人間に内在する自然に焦点をあてる新しい科学として出現した。そして、後述するように、デザイナーも外的な自然から内的な自然に目を向けて表現するようになった。

物理学と化学においても既成の枠組みは壁に直面した。ルネサンス以降、科学者たちは個々の物質的要素から自然をとらえようと努力してきた。これは、自然が小さな部分が集まって形成されているという基本的理解があったからである。こうしたとらえ方は、原子が本当に存在することが史上初めて実証された一九世紀に最高潮を迎えた。しかし、さらに研究が進むと、一九一三年にニールス・ボーアが原子レベルで起きる現象が古典物理学では満足に説明できないことを示した。本質的なのは質量ではなくエネルギーであって、光速も一定であることが分かったのだ。機械論的な物理学は原子物理学と量子力学にとって代わられ、ニュートンの世界観は崩れた。

物理的環境については、これまでの世界像、これまでの秩序と調和の理念が実際の様相とは相容れないことが分かってきた。一九世紀になっても、線遠近法と〈空間〉の幾何学的秩序は都市計画家にとっては

図 4. 7：調和の不調和：オスマンのブールバールの調和的秩序は、ダイナミックな都市の経験と相容れなかった。

基準でありつづけた。こうした例としてもっともよく知られるのは、オスマンによるパリのブールバールの計画である。しかし、古典的秩序はダイナミックな大都会の現実とはあわなかった。

「（風景は）近距離の歪んだパースペクティブ、光と陰の点が不安定に反射しながら踊る、色彩の面と点になって網膜上で解体する。色彩さえも、観察者の眼前で消えてしまった」と、デンマークの美術史家リセ・ベックは書いている（原註3）。

都市生活者は、ルネサンスで開かれた新時代の理念、静的な感覚、全体像の観念をもはやもっていなかったのだ。

このような新しいリアリティの感覚は、印象派の絵画に表現された。印象派は色彩を物体がもつ属性としてではなく、光がもつエネルギーとして経験した。それを視覚的データとして表す根気強い努力として、印象派はしばしば対象物に非常に近づき、その結果、線遠近法が一枚の像に再現するような明晰な形は感覚的印象の海に溶けて消えた。

このような特徴は、点描派の絵にとくによく表れている。彼らは、無数の小さな色彩の点によって絵を描いた。線遠近法の厳格な視線は覆い隠され、モチーフの明瞭な輪郭も簡明な形としての物体も消えた。対象とその周辺、前景と背景の間の距離は溶解し、背景は前に出て前景と同様の重要さで扱われるようになった。このように、中間にある距離が次第に排除されていった。

印象派は、直接のインパクト、まさに印象を定着させることのできる表象を実験していた。たとえば、エドガー・ドガは、「モノタイプ」（単刷り版画）という非常に速い描画に身を任せることを特徴とする表現方法にエネルギーを注いだ。ドガはこれによって線遠近法の距離創出的な表現から自由になり、事前に丹念に構築されたものではない、スケッチのような絵を描くことができた。また、線遠近法の絵画ではあれほど重要だったすべてを見わたす主体は支配的でなくなった。これは、一八九〇年代のドガの裸婦のモノタイプに見ることができる。これらに描かれた親密なシーンと偶然のなんとなくぎこちない容姿は、絵のなかに隠れた観察者の存在を暗示している。(原註4)超越した主体としての芸術家はここにはいない。

線遠近法の特徴である「距離」を克服した絵を描こうとしたもう一人の人物に、パブロ・ピカソがいる。一九〇二年に描かれた絵では、裸婦が色彩においても構造においても周囲とまったく同じ描かれ方をしている。ここには、前景と背景との出合いがある。一〇年後、ピカソはジョルジュ・ブラックとともに、中心投影法からの最終的な脱却を記念することになるキュビスム絵画を展開しはじめた。

キュビストたちによって、それまで水面下で進んでいた動きが達成された。中心投影法的な世界理解では絵画のモチーフからしっかりと距離を置いていた主体は、いまや絵画の作用のなかに導かれた。鑑賞者

図 4. 8：点描画法：点描画法は物体を簡単な形態に拡散させた。「背景」は絵のなかのほかの要素と同等の重みを与えられた。（ジョルジュ・スーラ『ポーズする女のための習作』1887年）

図 4. 9：隠れた主体：シーンの親密さと形式ばらない構成は、主体が隠れていることを暗示する。主体の決定的重要性は否定されている。（エドガー・ドガ『入浴』1879年頃）

図 4.10：距離の否定：裸婦は、色彩も構造も背景と同じように描かれている。人物と周囲の差異は和らげられている。（パブロ・ピカソ『背中から見たヌード』1902年）

図 4.11：ダイナミックな空間：ル・コルビジェ設計のラ・ロッシュ邸は、モダニズムの流動的な空間感覚の好例である。空間は明確には分割されず、ダイナミックに関わりあう。

は絵画の一部となり、線遠近法で描かれた絵画の奥行きは消失した。かつて絵画に存在した距離はなく、前景と背景、内部と外部、主体と客体はすべて一つの平面に溶け込んだ。中間にあった空間のつくる距離は消失したのだ。

二〇世紀の夜明けには、芸術は線遠近法から決定的に離れていった。つまり、距離創出的な〈空間〉の美学は精算されたのだ。同様の断絶が建築にも現れた。モダニズムの建築では、固定的な軸線からなるシステムからの脱却が見られ、外的な観察者の目から見て配置されたのではない建築の形が展開した。人は建築の内部を動き回り、常に異なる視点から空間を見ることになった。これにより、建築空間は重厚な壁からなる凍った形態によって縁どられるのではなく、流動的な性格をもつようになった。

それゆえ、以前の時代には単に壁の間の空隙だった建築の内部空間は新しい意味をもつようになった。科学的世界観のもとでは、物理的世界における物質的存在だけが注目され、精神性はすべて視覚世界から呼びだされるものだった。しかし、いまや再び、壁の間の空間に光が投げかけられ、建築は物理的存在としてだけ経験されるのではなくなった。建築に精神性が入り込み、空っぽの空間に意味が見いだされるようになったのだ。

二〇世紀の初めの芸術と建築において、科学的な世界観の根幹をなす「距離」との決別がなされ、人は世界のなかに再び連れ戻された。それゆえ、二〇世紀デザインは前科学的世界観と部分的に共通する特徴をもっている。フランスの社会哲学者アラン・マンクが『Le nouveau moyen age（新しい中世）』のなかで、「私たちは、新たな中世に向かおうとしているのだろうか」と問うたのも驚くべきことではない。しかし、後述するように、二〇世紀の芸術・建築の新しい出発は過去の〈無距離〉の絵画表象、〈場所〉の美学へと後戻りをしたのではなかった。

キュビスムは、ますますダイナミックになっていく近代社会における主体が、線遠近法の固定的な投影の中心点にとどまらないことを立脚点として発展していった。主体は動きだし、線遠近法のもつ中心性は、モチーフが同時に存在するたくさんの異なる視点から描かれる新しい絵画表象に置き換えられた。線遠近法による描画の特徴である固定された唯一の視点は、たくさんの視点と眺望という表現に置き換えられた。絵画は一つの真実ではなく、無数の真実を表すようになったのだ。

点描派が挑戦した形態の拡散的な描写法は、キュビストによって物質的形態の完全な解体へと発展した。前景と背景は編みあわされ、世界は無数の部分へと分解していった。要素が無限にも思える数に増えていくのに従って、個々の部分よりもそれらの内的な関連に光が当てられるようになった。客観的だった世界は関係性の世界に変わり、客観的現実は相対化された。つまり、絵画で重要になったのは物体間の相互関係性である。

キュビストと同じように、未来派も変化と動きを扱った。しかし、キュビストが固定的な主体を放棄し

図 4.12：新しい展望：キュビズムは、線遠近法のアプローチからの最終的な脱却を果たした。絵画は、いくつもの視点から見た像を複合する形をとった。個別のモチーフよりも、多くのモチーフの相互関係性が重視された。（ピカソ『バイオリンを持つ男』1912年）

たのに対して、未来派は視環境は静的な姿では知覚できないという認識に立っていた。未来派は物体に動きを与え、鑑賞者を絵画のなかに放り込んだ。絵を観る者が、その世界のど真ん中に立っているように感じることを要求する表現だった。つまり、「イメージの世界」に入り込むのだ。

孤立した物体よりもそれらの関係に目を向けたキュビストのように、モダニズムの建築家たちも個々のしっかり区切られた部屋や孤立した物体ではなく、部屋の間の、そして空間の構成要素間の関係に注目した。そして、画面のなかに鑑賞者を放り込んだ未来派のように、モダニストは建築家が注意深く配置した線遠近法の連続的な空間に代わって、人と建物の相互作用によって初めて経験されるダイナミックな空間体験をつくりだした。人が建築空間の内部を動き回ることで、初めて空間体験が出現するのだ。

二〇世紀の芸術・建築の新しい出発は、場所の世界観と〈無距離〉の美学に完全に立ち戻るものではなかった。線遠近法の眺望は完全に放棄されたわけではなく、いくつもの異なる眺望が同時に投影されるようになった。また、個々の要素を無視することで全体像を得ようとするのではなく、個々の要素が結びあわされて全体が形成されるような関係性に目が向けられたのだ。二〇世紀の芸術と建築が示したのは、新しい文化が生まれつつあるということだった。ここで強調したいのは、〈インタフェース〉の萌芽の小さなステップがとられたということだ。これについては、次章で詳しく述べることにしよう。

第5章 モダニズムの二面性

モダニズムの理念にはいくつかの矛盾があるように見える。初期のモダニストは、一方で自然の感情の復権をうたった。これは、根本的で原初的なリアリティ、つまり具体的な〈場所〉に属する性質の追求を意味した。他方で、彼らは技術の発達と科学的知識、つまり抽象的な〈空間〉の世界に属するものを信奉した。

この章で明らかにするように、モダニズムの理念は〈場所〉と〈空間〉という二分されたパラダイムの枠内では実現できない。仮に、モダニズムの夢が実現するとすれば〈インタフェース〉の場においてである。それゆえ、モダニズムが確固としたエコロジカルな基盤をもつ建築に発展しうることをこの章で見ていこう。

近代へ——根源の追求

ニーチェは、一九世紀末に「神は人間が考えだした存在にすぎない」と宣言して、人間の存在の基盤が失われたという残酷な事実を示した。その結果、神は意味の源として頼れる自明の存在ではなくなった。同時に、自然もそれまで考えられていた自然ではなくなった。神が人間の発明物になったので、神の創造物である自然も根本的な意義を失ったのだ。対置すべき自然を失うことで西洋文化は危機に瀕し、自然を新しい光のもとで見る新しい理解の枠組みを用意する必要に迫られた。したがって、新しい自然観を人々が求めるのは避けられないことだった。

これがまさに、二〇世紀初頭に近代の芸術家たちが取り組んだことだった。一九一三年、詩人で美術評論家のアポリネールはキュビスムのことをこう記した。

「……若い画家たちは、やはり自然を観察していた。しかし、彼らはそれを模倣はせず、自然の風景を再現することも注意深く避けた」

一方で、彼らが求めていたのは「……人間でないものの痕跡、外的な自然にはもはや存在しないもの」だった(原註1)。

その結果、視覚的な環境の体験の重要性は弱まり、非写実的な抽象芸術が現れた。このような文脈で、環境に存在する物質的形態の描写を乗り越えたカンディンスキーの個性は傑出していた。彼は内的世界を探求し、精神的なゴールを求めて物質主義と決別した。同時代のほかの多くの芸術家と同じように、彼は

図 5. 1：非写実的絵画：カンディンスキーの『円のある絵』（1911年）において、初めて絵画は視環境の表象という考えから完全に脱却した。カンディンスキーは、ものの内的な調和という精神的ゴールを目指しており、外的な姿は二次的であった。

「神智学」として知られる東洋哲学からインスピレーションを得ていた。また、知覚心理学という新しい科学からインスピレーションを得る芸術家もいた。足下で、新しい意味の探求が進んでいた。

それ以前の芸術は世界を描いていた。しかしいま、芸術家たちは世界のなかに入り込む道を見つけようとしていた。だからこそ、彼らは〈空間〉の文化がもつ、物事と距離を置く習慣の背後を見ようとしたのだ。つまり、美的な形象が結びつけられるべき真実を見つけたかったのだ。

彼らは、より根本的な基盤を指向し、仮面に隠されない純粋な表現を求めた。その努力として、芸術家たちは自らの表現媒体にも目を向けた。このような意図は、近代の建築家に大きな影響を与えたオランダの画家モンドリアンの仕事に見ることができる。モンドリアンは、垂直と水平の平衡、赤、青、黄の三原色の平衡を探求することで文化的概念によって汚されていない基本形を表現し、絵画を本質の状態に戻したのだ。

建築でも同様に意味の喪失は重大であった。それまで、建築も都市も理想的な形態という考えに基づいてデザインされ、妙なる宇宙を反映するはずのものだった。しかし、神[1]は追放されてしまった。そして、異なる時代の様式が、さまざまな種類の建築に奔放に用いられた古典主義建築の時代が到来したのだ。これについて、ドイツの社会哲学者ユルゲン・ハーバーマスは、昔の様式のファサードを貼り付けただけのような古典主義の書き割り建築を「様式の仮面」と呼び、「自分からさえも逃げようとしている気まぐれな現在が、借り物のアイデンティティの助けを得て正装することを可能にした」[原註2]と書いた。様式は意味を失い、建築は現在への確信のなさしか表現しなくなってしまった。

モダニズム運動の到来によって、現在と未来への信頼が再生した。モダニズムの信条は社会貢献を起源とし、産業革命や新しい材料、効率的な大量生産はみな、誰もが手に入れることのできる健康で堅牢な住まいを造るためにあるとされた。民主主義と自由社会を理想とするモダニストは、階級社会のシステムと結びついた古典建築を否定した。建築家は過去を清算して、新しく出直す希望に燃えていた。古典建築は、彼らには建築家と建物内部で営まれる生活に要求を突きつけるだけの硬直化した規範に映ったのだ。人々は既存の文化から距離を置き、人間を過去の鎖から自由にする新しい民主的な建築を求めた。

　こうした努力として、建築家は歴史から自由で純粋な様式をつくりあげたのだ。このとき、古典的な装飾を用いないという決断にはいくつもの根拠があった。たとえば、アドルフ・ロースは、スタイルの周期的な流行は装飾業者と商人の財布を太らせるだけだと指摘して、彼の信念を社会的貢献に帰した。しかし、非歴史的な様式をより深く理解するには、本質の追求という抽象芸術家の意志の延長だととらえる必要がある。

「近代建築は、厳しい道のりを歩まねばならないだろう。ちょうど絵画や彫刻がそうしたように、最初からはじめなければならない。それ以前に何もなかったかのような、もっとも根元的なことを再び取り戻さなければならない」[原註3]と、著名な建築史家ジークフリート・ギーディオンは述べた。世界を本当に再発見したければ、〈空間〉の美学という形でつくられた架空の世界像の背後を見ることが必要なのだ。

　そのため、実用性・機能性が形態に従属するフォルマリズム（形態主義）の原理は、必然的に機能を出発点とするモダニズムの原理に置き換わった。ここでは、形態が機能に従属するのだ。アメリカの建築家

（１）古代ギリシャ・ローマ時代の建築様式を模範とする建築。

ルイス・サリバンのよく知られた宣言「形態は機能に従う」は、装飾の拒絶以上に芸術がもっとも明瞭な形で純粋に表れうることを認めたことに意味がある。人々は自らの基盤を探し求めており、そのなかで〈空間〉の美学は真実を覆うものだと考えられた。世界を覆う〈空間〉の美学のベールをはぎとり、より根元的なものに根ざした美をつくりあげようとする意志があった。

視覚芸術の表現媒体そのものを探求することで燃え上がった芸術の流れと同じように、建築もその根本にある構法、技術と材料から出発した。これは、とくに構成主義(2)によく現れている。建築家は、それまでにつくられた美的な慣習を見直して、モンドリアンが原色と構成線から発見したような美の新しい基準を求めたのだ。仮面を取り去った世界の上に新しい美学が構築されなければならなかった。そこで、スタッコ塗りの空々しい建築は否定され、そのフィクションの下にある根源が探し求められた。

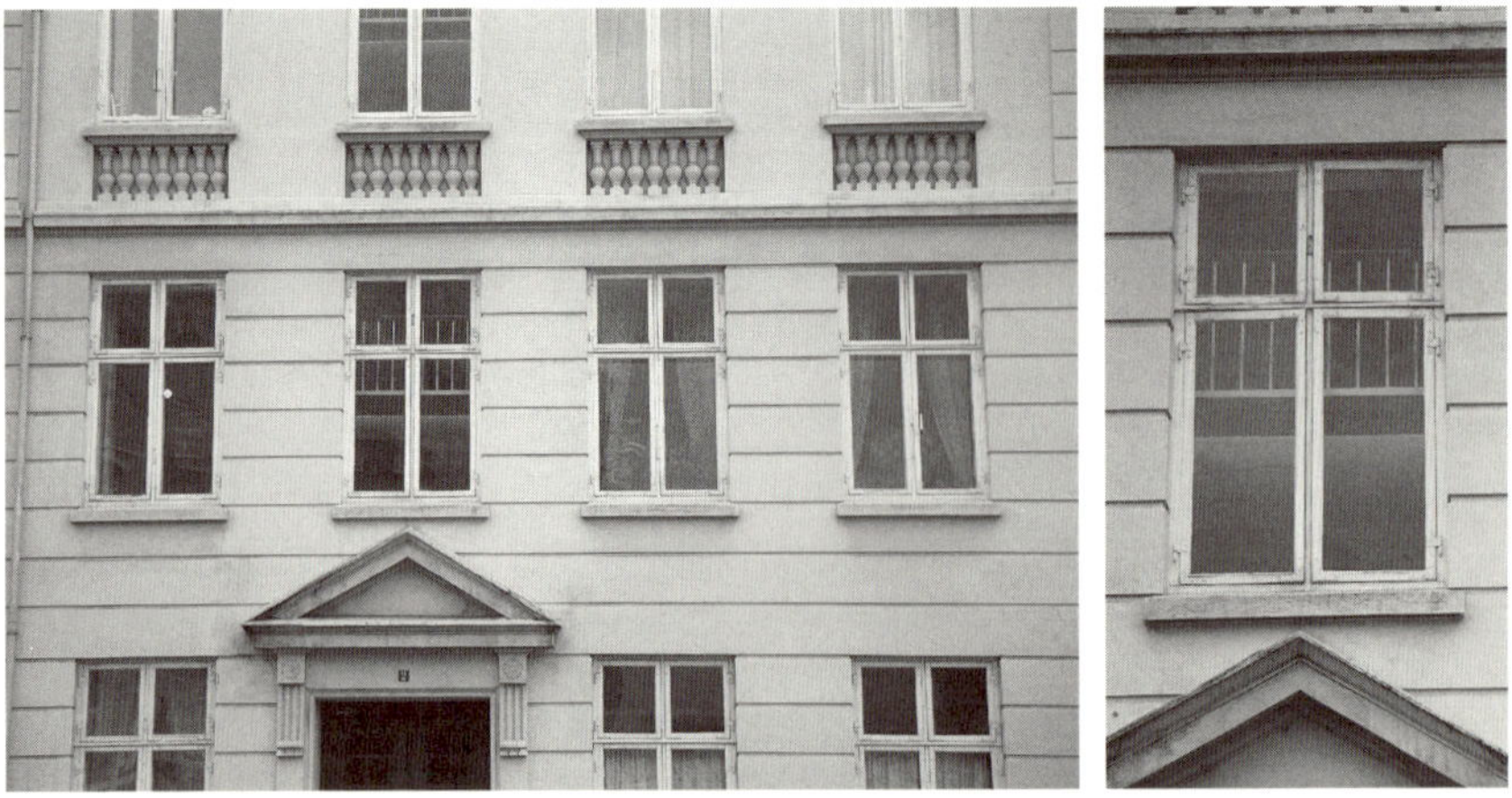

図 5. 2：フォルマリズムの原理：古典主義建築の書き割り的な建築においては、階段のような機能的部分は外的な「秩序」より重要でないと見なされた。内側に階段があっても、それはファサードには表れない。

「平面とファサードは一体でなければならない」と、ノルウェーの建築家ラース・バッカーは、一九二五年にスカンジナビアで初めての近代建築を設計したあとに記した（原註4）。それまでの時代に追求された調和は、結局は物事の実態との不一致に終わったのだ。古典的な理想だった秩序と調和と、混沌とした大都会での現実の生活の間には大きな隔たりがあった。住宅のファサードの背後で営まれる日常生活は、歴史主義的なファサードに掲げられた秩序とは相容れなかった。そこで、建物の外観と内部の関係に新しい種類の調和が望まれたのだ。家は内側から創造され、ファサードは建物の「内部」を表さなければならないのだ。それまでのように、外的な枠組みとしての「建物」は中心ではなくなり、生活が繰り広げられる建物の内部、「住居」が関心の中心となった。後述するように、近代建築は今日のアーバンエコロジー建築に表現される考えとよく似た理念に基づいていたのだ。

部屋のなか、内部空間に家の本質があった。ミース・ファン・デル・ローエによる、ベルリンのガラスの摩天楼の計画案（1919-21）にこれは顕著に表れている。この建物は、外壁がすべてガラスで造られるはずだった。外壁は重要性を失い、建物の内部を誇示する建築の姿があった。つまり、内部空間が建築なのだ。内部と外部の境界はなくなり、建築空間は非限定的で流動的なものとなった。

空間の流動化の前兆は一九世紀末にすでにあった。工業化社会の建築への新しい要求に、古典建築は合わなくなっていたのだ。倉庫や市場のようにかなり大規模な構造物が必要となり、鉄道駅やコンベンションホールのような新しいビルディングタイプが出現した。これは、さまざまな工業博覧会の際に建てられ

（2）一九二〇年代のソ連で主に展開した前衛芸術運動

図 5. 3：建物の内部：ミースによるガラスの摩天楼（1919〜21）では、建築の外的な枠組みは消え、建物内部の活動が建築の存在を主張する。

図 5. 4：空間の内破：ジョセフ・パクストンによるクリスタル・パレス。量感のある壁は透明なガラスに置き換わり、明確に定義された空間は消滅した。

た巨大なガラスの宮殿につながっていく。一例を挙げれば、ロンドン万博のクリスタル・パレス[3]がこうした構造物のなかではもっともよく知られている。これらの構造物では、ルネサンスで好まれた、明確に定義された空間はいまや消え去ろうとしていた。空間は全体を概観するには規模が大きすぎた。そして、新しい建設方法とガラスの透明性によって自由に広がる空間ができた。ルネサンスの空間は、文字通り空気に消えていったのだ。

重々しい壁は壊され、外部と内部の流動的な相互作用が生まれた。建物と周囲の境界、つまり文化と自然の境界が厚い壁で示されることはなくなった。その代わりに、ミース・ファン・デル・ローエは建築の基本形、水平要素（宙に浮かんだ床と屋根）と垂直要素（堅牢なコアと軽量の支持柱）に表現を与えた。自然と建築がこれよりも接近することは考えられない。新たな自然的基盤の探求という観点から見ると、ミース・ファン・デル・ローエの建築は自然の基本原理に基づいていた。

原初の形態を探求したル・コルビジェの仕事にもこれと類似した特徴が見られる[原註5]。建築は幾何学的な基本形——立方体、球、円錐、円柱、四角錐——に還元されるものだった。ル・コルビジェのこのような美学は、それより前に自然は円柱、球、円錐の形で経験されるべきだと強調したパウル・セザンヌと明らかなつながりがある[原註6]。セザンヌは自然の外形に関心があったが、モダニストは自然の内的な構造原理を探していた。このように近代建築には、科学的世界観のなかでつくられた自然観から脱却しようとする兆候を見ることができる。

（3）ロンドン万博のために建設された、鉄とガラスだけで構成された大ホール。工業化時代の到来を象徴する建築。

セザンヌの延長線上で、キュビストは物体間の関係における秩序を探していた。建築でも、単独の閉じた部屋やそのなかに置かれた独立した個々の遊離した物体よりも、空間や個々の物体の間の相互関連性に焦点があてられた。空間を取り囲む壁が空間の意味を表すのではなく、ファサードの背後の空間、壁の間の空間が再発見されて意味をもつようになったのだ。

　空間が再発見されると、建物はもはや物質的形態としてだけではとらえられなくなった。振り返ると、ルネサンス初期には空虚な空間は否定され、視覚的環境は精神的な内実をもたず、前述したように建築は重厚な壁と物質的な要素として知覚された。しかし、今再び空間に光があてられ、建築に精神的な意味が戻ってきたのだ。この流れのなかで、カンディンスキーは内的な共鳴を主張し、「死んだものさえ生命をもち、世界が霊的に力強い存在の鳴り響く宇宙になる(原註7)」と述べた。

　これはある面では、中世の宗教的なあり方と〈無距離〉の美学への退行であった。しかし、モダニズムの空間概念では、観察者は支配者として積極的な地位を占めつづけた。この点は、人間が受動的な存在だった前科学的世界観とは明らかに対照的である。モダニズムの空間概念では、あらかじめ決められた固定的な枠組みはなく、知覚者が空間を生み出す積極的な役割をもった。建築家が配置した線遠近法的空間は、観察者が建築の内部を動き回り、常に新しい文脈、新しい関係性のなかで建築を体験することで起こる、観察者と環境の相互作用から生まれる空間の経験にとって代わられた。つまり、建築の経験は、知覚される対象から距離を置いた決められた視点との関係でつくられるものではなくなり、人が建築空間のなかを動き回ることになったのだ。そして、視点を選ぶのはその人に任されるのだ。

　このことは、芸術の発展とも呼応していた。抽象芸術家たちは、芸術の経験に新しいリアリティが不可避的に入り込んでくることを議論していた。中世の芸術家が神の手の延長と見なされ、ルネサンスの芸術家が社会の創造主として自由だったのに対して、二〇世紀のデザイナーは、自らのリアリティを創造する自由意志をもつ個人であろうとする。「すべての人は芸術家である」と、二〇世紀芸術でもっとも重要な人物の一人であるドイツのインスタレーション・アーティストのヨーゼフ・ボイスは宣言した。彼は、人間は自分の人生を、周囲の環境との相互作用によってつくりあげると提言しているのだ。

二〇世紀に芸術家と建築家は、〈空間〉の美学と線遠近法による距離創出的な思考の両方を打破した。これは、自然と調和する文化を創造するために必要な前提条件である。人間を環境から切り離す一方的な観念は精算され、モノとモノの間の相互関連に焦点をあてる観念が発達した。芸術家と建築家は感覚的プロセスを復権し、観察者は直接印象と五感による感情移入ができるような美術の次元に再び呼び込まれた。二〇世紀の芸術と建築は、私たちが再び環境に働きかける道を開いた。前述したように、「感覚と倫理はともにあるべきなのだ（原註8）」。

近代建築の創始者たちは、先立つ時代の建築がまとう見かけ上の表面、つまり〈空間〉の美学の背後を見通そうとした。言い換えれば、〈空間〉の美学が保った距離を消し去ろうとしたのだ。これは、これまで見てきたように、環境に配慮する文化を育てる前提条件である。このように見ると、近代建築は理念上の出発点において、地に足のついたエコロジカル建築の基盤をも包含していたことがわかる。

近代——抽象的な立脚点

過去の因習から脱却するというモダニストたちの野心にもかかわらず、近代建築はそれまでの科学的世界観の考え方のいくつかをもとにして生まれた。過去のどんな出来事からも自由であるような、新しい民主的な建築を人々がつくれるようにするために、過去と断絶しようという欲求があった。しかしながら、こうしたユートピア的な未来像と意図的プラニングへの信頼には、そもそも過去の世界観を源とする近代的思考が隠されていた。また、自由な世界という理想の対極にあるように見える過去の窮屈な規範から自由になろうとする努力は、逆説的に新しい建築を飾るべき新しいルールにつながった。たとえば、ル・コルビジェの「近代建築の五原則」（**図5・5**）である。

科学的世界観の理念のうちで、モダニストが進歩への信仰の最大の拠り所としたのは既成科学への信頼であった。進歩は科学的知識と技術革新によってなされるべきものだった。その意味では、モダニズム建築は伝統的な西洋合理主義の延長にあるといえる。

モダニズムのスカンジナビア版の解釈、機能主義はこれをとくによく証明している。科学は、機能主義的な思考方法である。機能主義の建築家は建物の機能を出発点にして、人々の住居にも科学の法則を取り入れていった。そのために人間の身体的要求はシステム化されて記述され、そうすることで人間は科学的理解の客体となった。ずっと以前に環境が物象化されたのと同じように、人間も物象化されたのだ。その意味で機能主義は、科学的世界観をより広範囲に適用したものだといえる。

世界の完全な物象化という文脈では、建物が機械と考えられるようになったのも驚くにあたらない。これは、視覚的には構成主義に表れ、ル・コルビジェは機能的につくられた機械の利点と美を強調した『建築に向けて』（一九二三年）でこの発想を記した。ル・コルビジェは機械美を建築にも適用しようとし、「住宅は住むための機械である」の有名なスローガンを生んだ。

飾り気のない白い住宅機械は周囲の自然と明らかな対比をなし、モダニズムの住宅は、文化と自然が本質的に異なるとするルネサンスの観念を体現するようになった。こうして、モダニズムと自然との関係は距離を置く関係となった。最終的には、自然の利用を図ることが最大目標だった科学の冷徹な思考に直接感覚や感情の入り込む余地はなかった。

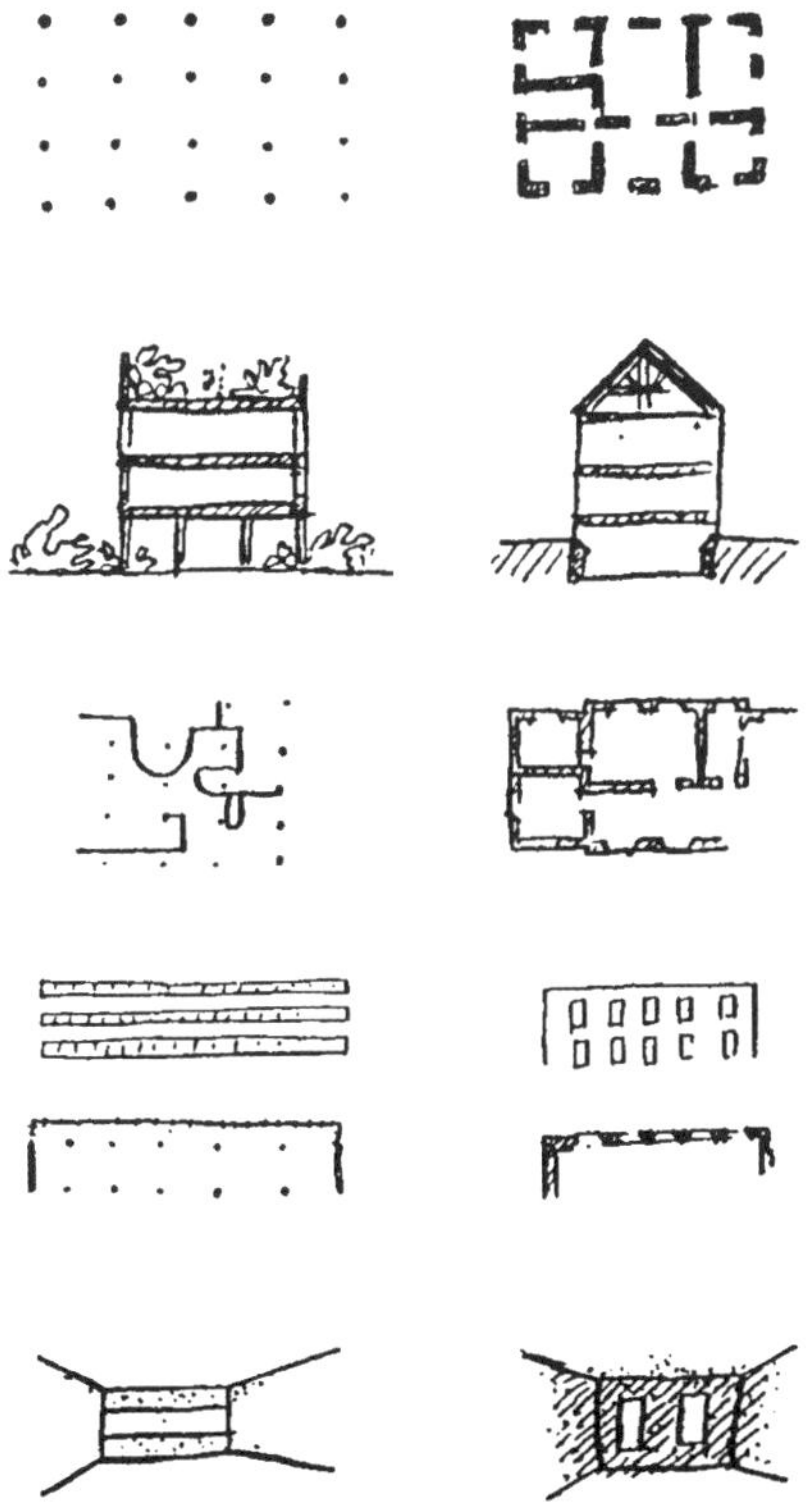

図5.5：モダニズムの規範：ル・コルビジェの「近代建築の五原則」に、のちの多くの建築家は従った。過去の規範は新しい規範に道を譲った。図は、上から近代建築が可能にした五原則「ピロティ」「屋上庭園」「自由な平面」「自由なファサード」「水平連続窓」を表す。

間違いのないように記しておくと、ル・コルビジェは住宅の質には自然の経験も含まれるとはっきり述べている。しかし、自然を見わたす眺めをつくることが重視され、自然の経験は純粋に視覚的なものにかぎられた。たとえば、『人間の家（La Maison des Hommes）』で図5・6のスケッチに添えられた説明は次のようなものだった。

> そら！　たちまちまわりには一枚の絵が。そら！　たちまち一つのパースペクティヴを開く四つの斜線が。あなたの部屋は風光に面している。風景は完全にあなたの室内に入ってくる。（原註9）

人々が景観と地平線を見わたせるように眺めをつくることが必要だった。水平的な眺めのなかで、景観は住宅を投影の中心点とする透視図の視対象となる。つまり、自然は住居から見た客体であり、居間の壁にかけられた自然景観の絵画と同じである。人は自然から距離を置いて座り、コントロールするのだ。

同じように、モダニズムが自ら決別すると宣言したはずの過去に根ざしていることを示す例は多く挙げることができる。そもそも、科学的世界観の顕著な特徴である抽象的思考をもっとも推し進めたのがモダニズ

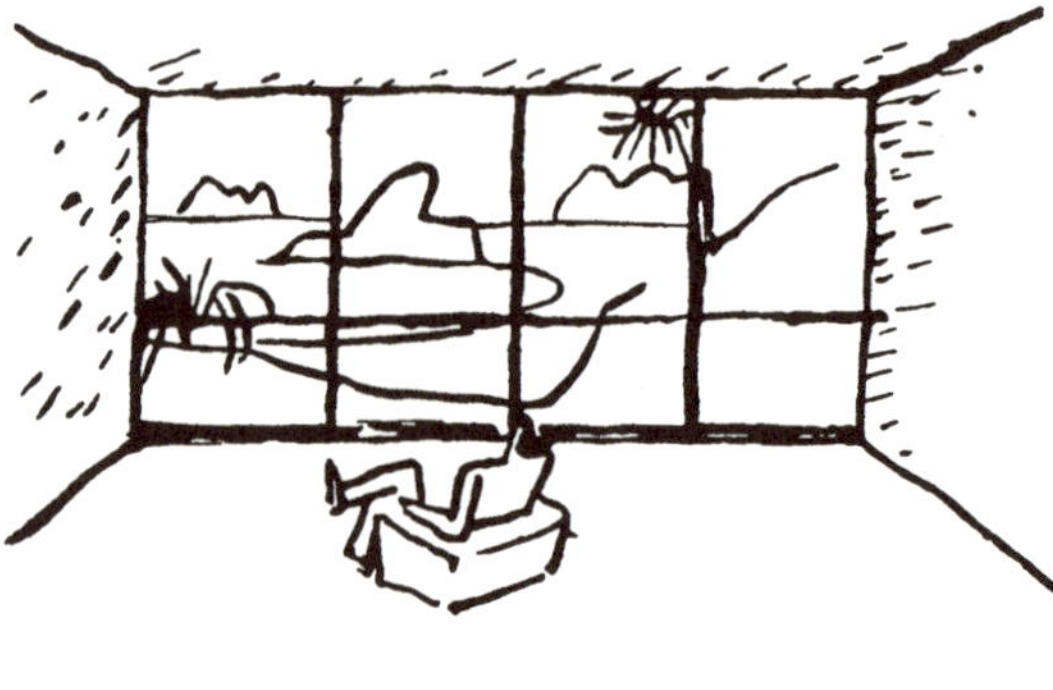

図5.6：景観としての自然：ル・コルビジェは、スケッチのなかで自然を線遠近法の「対象物」として描いている。

ムだといえる。第4章で述べたように、環境に配慮する文化を成立させるには、科学的世界観とその距離創出的な思考からの脱却が必要である。そうすると、近代建築からの脱却も同様に必要だということになる。

アーバンエコロジーに取り組むデザイナーの間からは、近代建築はアーバンエコロジーの理念と対立するという意見が広く聞かれる。これは不思議なことではない。実際、多くの面でそうであるし、近代建築には抽象的思考を極限まで進める性質がある。

こうした性質をもとにした二〇世紀のシステム化された建築は、人間的、そして環境的な問題に対して大きな責任がある。住宅を安価に造るという一面的な目的から、行政組織とプランナーはモダニズムの効率と大量生産の考えに陥った。新しい材料（コンクリート）は、ル・コルビジェのビジョンでは、居住者がよりフレキシブルに日常生活をおくる自由を得る建物を可能にするはずだった。しかし、のちには効率化されたシステム建築に用いられて、居住者を窒息させるような退屈な空間に押し込めてしまった。つまり、個人が手にするべき自由が計画を策定する人だけに与えられたのだ。モダニズムの言語はもともとの理想から外れ、建築は前世紀の古典主義建築と同じように意義を失う危険にさらされた。

技術開発と科学的知識は、合理的で機能的なシステム建築を保証する条件と結びつく。システマチックな考え方では、建物は特定の場所と関連づけてはとらえられない。計画を一般化するためにすべての場所が同じと見なされ、文化的差異は無視される。このような〈空間〉のユニバーサルな建築の考え方を反映したのが、第二次世界大戦後に林立したインターナショナルスタイル[4]の建築である。そしてその結果が、

（4）「国際様式」とも言う。技術を信奉し、抽象的な美を求める近代建築に特徴的なスタイル。地域性よりも普遍性を重視する。

図 5. 7：モダニズムにおける場所の喪失：戦後の建設ラッシュでは、モダニズムの理念は合理性と〈空間〉のシステムに極限まで依拠した。（デンマーク、バレラップ（Ballerup）の団地）

ノルウェーの建築学者クリスチャン・ノルベルグ＝シュルツが「場所の喪失」と呼ぶ現象である。同じ喪失がジークフリート・ギーディオンを駆り立て、「新地域主義」を一九五四年に提唱させた。ユニバーサルな〈空間〉への肩入れのせいで、〈場所〉のユニークで特別な性質が見落とされてきたのだ。あまりにも見慣れた、均質なシステム建築が建ち並ぶ物憂げで退屈な風景は、具体的な環境を抽象化してきた結果であるといえる。

実際、人間も一般化をめざす科学的企図の対象物であった。機能に基づいて建物を計画する方法の一環として、人間の要求に関する分析的研究が発展した。このときには人間の一般的要求が重視され、個人の独自性や唯一性は無視された。人間は科学の対象物となり、物象化された環境と同等の存在におとしめられたのである。

このような科学的世界観の行き着く先に、新しい世界観の萌芽を見ることができる。人間が物象化されることで、主体としての人間と客体としての環境の間の距離が消滅したのだ。今いる世界と周囲の世界の距離がなくなり、人間はその周囲の環境と一体になった。主体と客体の間に距離を置く科学的理念を追究することで、逆説的に、人間はその距離が消滅した世界のただなかに置かれた。なぜなら、すべてが客体化されたからだ。距離は消え、すべてが一つになった。

そうだとすれば、モダニズムは科学の時代の成就だということになる。しかし、成就することで世界が新しい光で照らされるようになったのだ。人間は科学の合理性を追究し、その姿を見た。モダニズムによる科学的世界観の克服は、科学を不必要と見なす形で起きたのではなかった。むしろ、その内部にまっすぐ入り込み、その姿を見極めることで科学的世界観を成就させたのだ[原註10]。私たちは世界の抽象化が抽象にすぎないことを発見し、世界そのものを求めはじめたのだ。私たちは「近代」を理解しはじめたが、理解するためには理解されるものから距離をとらなければならない。結果的に、私たちは近代から距離を置くことになった。モダニストの誕生によって、近代はモダニズム（主義）になったのだ。

新しい理念——両面を見る

近代建築は二面性をもっている。近代建築は科学的世界観の思考方法の極端な表現だが、この極限から新しい世界像が見えてきた。同様の二面性は、伝統的な概念の背後を見ることで世界の本質を見極めようとした初期のモダニストたちの努力にもある。彼らは直接知覚の能力を意識的に復権させることを出発点にすると同時に、抽象的宇宙、つまり〈空間〉から出発して具体的な拠り所である〈場所〉を再発見しようとした。モダニズムのもつ、抽象と具体の間の曖昧なゆらぎは強みでもあり弱みでもある。

　モダニズムに内在する二面性は、極限までの抽象化と新しい美学という実を結んだ。その種は蒔かれて広く大衆に向けられたが、あまりに抽象的であったためにエリート知識人にしか重要性が理解されなかった。つまり、芸術家の意図と過去の世界観の残光のなかに生きる既成社会の考え方の間に存在するギャップはあまりにも広かったのだ。抽象化が本来もつ二面性はほとんどの人々に見過ごされ、モダニズムは抽象を具体的現実に再び根づかせることを目標としていたにもかかわらず、完全な抽象化にとらわれて目標からどんどん遠ざかってしまった。

　根元的な拠り所を求めるというモダニズムの目標と、既成概念を出発点にもつことのギャップ、つまり具象と抽象の間のギャップはモダニズムの大きなジレンマであった。ハーバーマスは、生活世界における機能性とシステム的世界における機能性が異なることを指摘してこの問題に言及している（原註11）。現実の生活世界では、機能性とは物事が日常生活の純粋なニーズをどのように満たすかを意味するのに対して、抽象的システムの世界では、たとえば経済性のような理念的な目標を達成することを意味する。ハーバーマスによれば、のちのモダニズムは社会システム的世界に重点を置いた。当然、これはモダニズムの抽象的概念と科学の力への信頼が重要視されることにつながった。そして、感覚経験と個人の発達の能力を論理と等価に置くというモダニズムのもともとの意図を危うくしたのである。

　モダニズムの理想が「感覚する」という行為を再生し、抽象化の拠り所となるリアリティを取り戻すことを一面では重視していることを今一度認識しておく必要がある。これまでも述べてきたように、環境危機に関連してもこの点は決定的に重要だからである。感覚的な共感は、私たちが環境と倫理的に向きあう

図 5.8：エコ・ノスタルジア：エコロジカルなプロジェクトには、現在に背を向けて遠い過去を振り返る傾向がある。

ための前提条件である。そして、計画とエコロジカルな戦略を現実世界に適用するならば、抽象が拠り所とする具体的現実を再発見することはきわめて重要である。

私たちは、抽象概念以前にあった世界に目を開いていなければならない。モダニズムの先駆者が、根源を求めて探していたのはまさにこの世界である。そして、直接感覚を重視することで、彼らはその根源的なものを取り戻そうと願っていたのだ。遅かれ早かれ、直接経験が再び注目されるとき、感覚の領土、具体的〈場所〉が再発見されるだろう。場所は前言語的経験の出発点であるから、あらゆる意味の基盤となる。つまるところ、抽象のルーツを見つけるには特定の場所に帰らなければならないのだ。

しかし、場所の再発見は、私たちが抽象的〈空間〉の世界で築きあげた知見を捨て去ることを意味するのではない。アーバンエコロジーの建築の一部には、場所に極端に感情移入する傾向（次章で詳しく述べる）が顕著に見られる。これらは、本能的な感覚と感情的要求にのみ人間が依拠するような文化に逆戻りすることに結びつく。しかし、環境問題の視点から見てそれでは意味がない。なぜなら、グローバルな環境問題を把握するためには、距離を置いて、すなわち〈空間〉の視点から物事を概観する必要があるからだ。〈空間〉の専門技術を手放すことは、失われた過去への感傷的な憧れにしかつながらない。意識をもった個人という存在から現代人が逃れられない以上、それは不可能なのだ。

二〇世紀デザインは、〈場所〉の現前の世界への回帰ではない。また、〈空間〉の抽象的な世界理解の継続でもない。二〇世紀の芸術と建築は、抽象的空間と具体的場所の両方を拠り所として場所と空間の間に、ある場に〈インタフェース〉として展開した。

インタフェースは、空間と場所のいずれかを損なうことで成立するのではない。むしろ、それらの相互作用の力で成り立つものである。場所と空間はともにインタフェースの成立条件であり、モダニズムの両義性を説明する核心はここにある。こう考えることで、場所の直接知覚の再発見を、場所の〈無距離〉的文化に退行することなしにモダニズムの仕事に含むことができる。インタフェースでは、ユニバーサルな空間が場所の原初的な価値とあわさり、初期のモダニストが種を蒔いた新しい文化が芽吹くのだ。

先に述べたように、初期のモダニストによる建築の根源の探求――それ以前が存在しなかった原初状態を取り戻し、そこからはじめようとする試み――は見落とされ、やがて無視されてしまった。そして、モダニズムの抽象的な出発点が重要視されるようになった。よって、モダニズムとその理念を再発見し、新しく解釈する必要がある。モダニズムを新しい光で照らし、抽象と具象の両義性を認識することが不可欠だ。そうすることで、二〇世紀初めに打ち立てられた建築様式をアーバンエコロジーの方向に発展させることができるわけだ。

モダニズムは、二〇世紀の新しい科学哲学、現象学の視点から再解釈することができる。現象学という学問分野は、ドイツの哲学者エドムント・フッサールによって二〇世紀初頭に打ち立てられた。そして、フッサールは、それまでに確立していた科学とはまったく異なる前提から知識が生まれる新しい科学を考えていたのである。

　フッサールの現象学は、直接的なリアリティと感覚行為を復権させようとする試みだった。そして、知識は「物事それ自体」に向かうべきだった。この新しい科学理論は抽象芸術とも共通点をもっていた。抽象芸術も、物事の隠されない純粋な姿を見ることを目標に直接感覚を追求していた。リアリティの感覚的知覚は知性的理解に従属するものではなくなり、概念が現実を統制するルネサンスの理想化されたプラトン的世界像から知覚された経験を背景に思考するアリストテレス的世界像への転換が起こった。

　フッサールは、主体と客体の統一を目指した。客体は孤立した存在ではなく主体との関係で理解されるべきもので、科学的世界観の大きな特徴である主体と客体の間の鋭利な境界線は打ち壊された。こうして、物事は主体に隷属するものではなくなった。その代わり、主体に対する客体の作用が観察対象となったのだ。感覚経験は認識と切り離してとらえるべきものではなく、現象学者たちの経験的研究の出発点となったのである。

　この流れは、フランスの哲学者モーリス・メルロ＝ポンティをはじめとする哲学者たちが提唱した実存的現象学に受け継がれた。メルロ＝ポンティによれば、主体と客体の間の距離を完全になくすことができる。両者の間には「或る原理的な関係、或る血縁性があり…私の手が内側から感じられるものであると同時に、外から近づきうるもの、例えば私のもう一方の手で触れうるものであり、私の手が、それによって触られている物の間に位置し、或る意味ではそれらは一つ（原註12）」である。このことからメルロ＝ポンティは、主体と客体を他方から切り離すことができるとは考えていなかったことが分かる。感覚するというプロセスでは、主体と客体は相互に出合って、感覚するものは感覚されるものと一体になるというわけだ。私たちが何かを感覚するとき、それの内に私たち自身がいるのだ。木を感覚経験するときは私たちは木なのだ。つまり、感覚は〈無距離〉である。

　現象学の世界観と、それが重視する〈無距離〉的感覚のもとでは、私たちは周囲から独立に存在する自由な個人ではなくなる。オーストリアの哲学者ルードヴィヒ・ウィトゲンシュタインが述べたように、「私たちは世界なのだ」。そうだとすれば、芸術家は個人的で特殊なイメージを、モチーフから離れて立ってつくる造物主ではありえなくなる。世界は私たちの意識のなかだけに存在するのではない。自然もまた、私たちの一方的な心象ではない。もっと双方向的なものなのだ。

「アフリカは私の歌を知っているかしら」と問うたのは、デンマークの作家カーレン・ブリクセンである。彼女は『アフリカ農場〜アウト・オブ・アフリカ〜（Out of Africa）』でこう問いかけ、風景を私たちが心に抱くのと同時に、風景が私たちの内にそれ自身を形成することを暗示した。私たちは、周囲から離れたところから風景にイメージを刻印する自立した主体ではない。風景は、同時に私たちを形づくるのだ。私たちは自然に足跡を残し、自然は私たちの内に痕跡を記す。アフリカは、彼女の歌を知っているのかもしれない。

　二〇世紀には、人間は周囲の物体から距離を置いて立つ優越した主体ではなくなった。同時に、環境は内容物のない単なる物体とは見なされなくなった。新しい世界観では主体と客体はコインの両面で、意味を担う主体は環境のなかに進み出ていくのだ。

すでに、初期のモダニストの仕事にこれは現れている。たとえば、アメリカの建築家ルイス・カーンは建物を物理的な器以上のものと考えて、「その建物は何になりたがっているのか」と問うた。現代の建築家の間にも、ものの本来的な魂を追究する動きがある。ドイツの建築家ギュンター・ベーニッシュは、一九九三年にインタビューを受けたときに、自分の考えよりも「物の意志」を表現しようとしていると語っている(原註13)。また、もう一人ドイツの偉大な建築家フライ・オットーも、材料固有の特質、自然な形を探して、物がそれ自体を形づくるのに任せようとしている。科学的世界観とは対照的に、物それ自身があたかも意志をもっているかのように実質的な価値があるととらえるのだ。「物は概念を内在する」と考えると、私たちは、目で見ることのできる環境から離れたところに概念があるとする〈空間〉の考え方を捨てたことになる。

これが意味するのは、それまで支配的だった科学的世界観による物象化が二〇世紀には精算され、前科学的世界観を想起させる宇宙、〈場所〉の文化に立ち帰ろうとしているということだ。しかし、メルロ＝ポンティの現象学は前科学的世界観とは異なる方向を指向している。二〇世紀の人間が自然のなかに感じるのは神の存在ではなく、人が自然と出合うことで成立する実存なのである。今日、私たちが意識するリアリティは神によって創造されたものではなく、主体が客体と出合うことでつくられるリアリティである。メルロ＝ポンティの世界観では唯一の神は存在せず、私たち自身が自らの創造主なのである。唯一の真実は存在せず、無数の真実があるのだ。

図 5. 9：物の意志：ギュンター・ベーニッシュは、すべての物はそれ自身に内在する概念をもつという観点から、プロジェクトごとに自然の特質を探求する。写真はシュトゥットガルト（Stuttgart）の幼稚園。

図 5.10：「自然の形態」：フライ・オットーは材料の「自然の形態」を表現しようとする。写真はアイムベックハウセン（Eimbeckhausen）の工場。

これは、知覚者が支配者であるようなモダニズムの空間理解とまさに一致する。観察者は空間の経験を、自らがそのなかを動き回る環境との相互作用の一部として構築する。いくつもの視点からダイナミックな相互作用として空間が経験されるような新しい知覚の形式が生まれることで、一点から見る線遠近法的視座との決別がなされた。キュビストたちが二〇世紀の初めにそうしたように、いくつもの、同時に存在する展望が世界に重ね写しにされたのだ。

二〇世紀には〈空間〉の一方的な世界理解は精算され、新しい見方で世界を見ることができるようになった。デンマークの哲学者ヨーン・エンゲルブレヒトによれば、新しい世界観は「非合理的な（遠近法以前の）世界への回帰でもなければ、合理的な（遠近法的）世界のさらなる発展でもない。むしろ、それまでのさまざまな意識の構造を集めて、一つの共同的複合体あるいは統合された全体にしたものである」[原註14]〈場所〉の〈無距離〉的感性と〈空間〉の距離創出的理解の間に生まれる世界観のもとで、新しいリアリティが浮かび上がる。このリアリティは、メルロ＝ポンティが「私が物を見るやいなや……視覚は、補完的な視覚ないしもう一つの視覚によって、つまりは外から見られた私自身、他人から見れば見えるもののただなかに位置して、それを或る場所から見ているのが分かるような私自身によって二重化されている」[原註15]という形で発見したものである。

このような二重のパースペクティブのなかに浮かびあがるのは新しい空間概念である。ここでは、観察者は世界の一部であると同時にアウトサイダーとしてそれを理解することもできる。主体は〈場所〉と一体化するが、同じ主体は〈空間〉の遠近法では客体となり、主体と客体の間、世界とさらにその周囲にある世界の間の相異は消え去る。私たちは世界のなかにあり、世界も私たちのなかにある。

図 5.11：周縁：デンマーク、ヒレロズ（Hillerød）近くの省資源建設プロジェクト、ハウレヴァンゲン（Havrevangen）。計画案は「周縁のなかの中心」をうたう。（設計：ヴィルヘルム・ローリッツェン）

振り子のような二重のパースペクティブから、空間の概念的理解を場所の直接的現実と関連づける新しい世界観が生まれる。この世界では、抽象は具体的な拠り所をもつことができる。個別の印象が、常に抽象的表現に反映するような終わりのない往復運動が起こる。そして、創造的プロセスはこのようななかで生まれ、それは〈インタフェース〉で起こる。

〈インタフェース〉の二重のパースペクティブでは、人間は常に二つの立場の間を行き来している。一方は世界の中心にいる人間という立場であり、自然は周囲にあるものとされる。もう一方は、よりホリスティックな世界観のなかで地球全体を生命体――ガイア――として見たときの小さな存在、周辺的な立場である。そして後者では、自然は私たちの源である。(原註16)〈インタフェース〉の振り子では、人間は周囲の世界を主体として理解することができると同時に、自身を外から世界のなかの客体として見ることもできる。

場所と空間の間を往復するインタフェースの二重のパースペクティブから、環境危機の解決に向かう新しい可能性が生まれる。自然は客体化されるべきでもなければ、私たちが従属すべき主体でもない。そのどちらでもない第三の選択肢がある。それは、私たち自身のためにも自然を「気づかう」ような関係である。

自然が物象化されるような〈空間〉の距離創出的な観念は、〈インタフェース〉には受け継がれない。また、自然の気まぐれに従うしかなく、人間の意思が完全に無効な、場所の〈無距離〉的観念に退行するのでもない。私たちは自然との関係のなかで自らを考え、文化と自然の相互作用があるからこそ私たちも生存できることを認めるのだ。

場所と空間を区別することは、自然と文化の間の二元論的断絶を残すことと同じである。インタフェースの世界ではこれらの区別は消し去られ、自然と文化の間の境界線は重視されない。その代わりに、自然と文化の相互依存性に目が向けられ、抽象的文化が自然という具体的基盤に根ざしていることを認識するのだ。ここでは、自然と文化の間の強固な壁は壊されるので、すべてを自然だと考えることができる。しかし、同時にすべてが文化だと考えることもできる。文化は自然のあらゆる部分に見いだされ、その逆もまた然りである。こうして新しい自然観が生じる。

「芸術は自然と並ぶ調和である」とセザンヌは言った。(原註17)彼は二〇世紀の芸術家や建築家に、新しい自然観を探求するインスピレーションを与えたのだった。二元論的世界観のもとで奨励された、自然を細部まで正確に再現しようとする姿勢は遠ざけられ、代わりに文化的概念によって見いだされる自然の別の姿が現れた。

このような自然のとらえ方はあまりに抽象的だったために、一部の人にしか理解できなかった。実際、文化は変化したものの、その当時の多くの人々は自然を円柱や球や円錐の形に見るところまで到達することができなかった。つまり、文化の基盤としての自然を人々は理解することができなかったのだ。そうして、文化は意味を失いつつあった。

しかし、今日では自然を抽象的に把握できるようになってきた兆候はある。たとえば、建築の新しい経験の仕方にもこれは現れている。リセ・ベックは、私たちが「計画されない空間、計画を拒否するような空間」に魅入られることを指摘した。

「ニューヨークのスカイラインが魅力的なのは、だから（計画されていないから）こそではないのか（原註18）」

計画された都市のただなかに出現する、計画されないものに私たちは魅力を感じる。意図のなかの無意図を発見するのが、意識のなかに無意識を発見するのが楽しいのだ。つまり、文化の領域に出現した自然を見つけることに喜びを見いだすのだ。

このような抽象的な自然の形は、新しい建築表現への道を開いた。アメリカの建築家ピーター・アイゼンマンは新しいデザインを展開するためにコンピュータプログラムを導入し、造物主としての建築家を覆い隠した（原註19）。建築家は形を決定する立場を放棄し、プログラムに偶然に形態を生成させることを試みた。つ

169-8790

260

読者アンケートハガキ

東京都新宿区
西早稲田三—一六—二八

株式会社
新評論
読者アンケート係行

料金受取人払

新宿北局承認

3936

差出有効期限
平成21年2月
19日まで

有効期限が
切れましたら
切手をはって
お出し下さい

お名前	SBC会員番号 L 番	年齢
ご住所 (〒) TEL		
ご職業（または学校・学年、できるだけくわしくお書き下さい） E-mail		
所属グループ・団体名	連絡先	
本書をお買い求めの書店名 市区 郡町 書店	■新刊案内のご希望 □ある □ない ■図書目録のご希望 □ある □ない	

● このたびは新評論の出版物をお買上げ頂き、ありがとうございました。今後の編集の参考にするために、以下の設問にお答えいただければ幸いです。ご協力を宜しくお願い致します。

本のタイトル

● この本を何でお知りになりましたか

1.新聞の広告で・新聞名（　　　　　　）2.雑誌の広告で・雑誌名（　　　　　　）3.書店で実物を見て　4.人（　　　　　　）にすすめられて　5.雑誌、新聞の紹介記事で（その雑誌、新聞名　　　　　　）　6.単行本の折込みチラシ（近刊案内『新評論』で）7.その他（　　　　　　）

● お買い求めの動機をお聞かせ下さい

1.著者に関心がある　2.作品のジャンルに興味がある　3.装丁が良かったので　4.タイトルが良かったので　5.その他（　　　　　　）

● この本をお読みになったご意見・ご感想、小社の出版物に対するご意見があればお聞かせ下さい（小社、PR誌「新評論」に掲載させて頂く場合もございます。予めご了承下さい）

● 書店にはひと月にどのくらい行かれますか

（　　　）回くらい　　書店名（　　　　　　）

購入申込書（小社刊行物のご注文にご利用下さい。その際書店名を必ずご記入下さい）

書名	冊	書名	冊

ご指定の書店名

書店名　　都道府県　　市区郡町

図 5.12：計画されないもの：ロバート・モリスのインスタレーションに出現した自然。（アムステルダム近郊フレボランド（Flevoland））

まり、システムの本質、システムの自然が姿を現すのだ。

第二次世界大戦後、人間はより具体的な形で自然に気づくようになった。環境危機によって、科学文明がもっていた力が無力だということに気づいたのだ。つまり、自然はコントロールできるものだと信じていたのに、そうではないと目が覚めたのだ。

私たちはまた、計画された空間の枠組みのなかに、まったくそうした意図なしに自然が顔を出すのに魅入られてしまう。アスファルトを割って樹木の根は成長し、街なかにもタンポポは顔を出し、冷蔵庫のなかにはカビが繁殖する。私たちは、裏庭でモグラが掘り進むのを見つけて生命の存在を確認する。科学的世界でのように自然は「外にあるもの」ではなくなり、自然は独自の自然観をもつ新しい文化的視点から経験されるのだ。

新しい世界観では、文化と自然の明瞭な境界線は壊された。郊外緑地や街なかに入り込んだ自然的な

図 5.13：新しい文化：ルール（Ruhr）の重工業地帯を転用したエムシャー公園（Emscher Park）。溶鉱炉やコンベアーのような工業設備の廃虚が、巨大スケールの彫刻として出現する。私たちは「機械の美」に気づき、エベネザー・ハワードの言葉「都市と農村は結婚しなければならない。そして、この楽しい結合から、新しい希望と新しい生活と新しい文明が生まれてくるであろう」（原註20）も新しい意味をもつようになる。

要素は、近代都市と周囲の環境との境界をあいまいにしている。また、建物と自然のコントラストを弱めるように屋上や壁面を緑化したアーバンエコロジーの建築にもその傾向を見ることができる。そして、都市の周辺では有機的に曲がりくねった川の流れと直線的に進む高圧線の対比に見ることができる。人間の手が触れない自然はもはや存在せず、今日、私たちが都市でも田舎でも目にするのは文化的景観である。

二〇世紀を通じて、人間は媒介されない直接性を再発見しようという意思表明をしてきた。つまり、無意図的なものを再発見するという意図を表してきたのだ。具体的な拠り所を再発見するという抽象的な目標のなかには、〈インタフェース〉の新しいリアリティがあるのだ。〈インタフェース〉の空間概念では、直接経験は熟慮された意図を背景として成しとげられる。感覚的印象は、自意識をもった個人の内省に常に結びつくものだった。あなたは原初的な体験をして自然のうちにいる自分を認識するが、そうするのはあくまで思考する近代的主体としての自己である。あなたは、無意識的な自然を意識する自己になるのだ。

新しい自然観には芸術と建築の新しい出発点がある。これはとくに、「インスタレーション」や「ネイチャーアート」、「ランドアート」と呼ばれる新しい芸術の形態に見ることができる。二〇世紀初めにもそうだったように、新しい芸術は知性の世界に根ざした抽象的思考を表現する。しかし、新しい表現形式は具体的な現実を出発点としており、それは自然の「像」ではなく物体そのものの形で現れてくる。つまり、具体的な物体を通して抽象概念が表現されるのだ。

芸術家は自らをインストールする（置くことのできる）場を探し求めている。そして、芸術家は有機的な身体に流動的な精神を注入する。言い換えれば、抽象的空間を具体的場所に据え付けることで、そこに新しい文化を生むのだ。その文化は、自然に根ざした人間のルーツを理解する可能性を開いている。二〇世紀初めのモダニズムの建築家たちは、それまでの過去を否定した。しかし、私たちが二〇世紀の建築の流れを放棄する必要はまったくない。二〇世紀デザインは〈インタフェース〉の萌芽の、用心深い初めの一歩だったと考えることができる。モダニズムを、地に足のついたエコロジカルな建築に発展させることができるのは今なのだ。

第6章 環境へのさまざまな取り組み

今日までの環境への取り組みは、「環境保護運動」と「環境マネジメント」の二つに分けることができる。環境保護運動は、自身の周囲の環境に直接働きかける草の根運動によって発展してきた。つまり、環境保護運動は具体的な〈場所〉に根ざしてきたわけである。一方、環境マネジメントではプランナーが全体計画を描いて、それを多くの場所に適用することになる。つまり、環境マネジメントはユニバーサルな目標をもって、抽象的な〈空間〉のうちになされる仕事である。ということは、環境保護運動は近代科学以前のパラダイムに則っており、環境マネジメントは近代科学のパラダイムの申し子だということだ。したがって、どちらも現代的な解決法とは言えない。

二〇世紀の新しい世界観のもとで、私たちは新しいタイプの環境への取り組みの可能性を見ることができる。具体的場所と抽象的空間の間のギャップを結ぶ〈インタフェース〉によって、グローバルな思想を地域的活動に取り込むことができるのだ。そうすることで、現代デザインと相容れる環境保護活動を展開することができるはずだ。

〈場所〉の環境運動——草の根運動の住居

ベルリンは、多くの人々にとってアーバンエコロジーの聖地である。というのも、ベルリンは既成社会に対抗する草の根運動からアーバンエコロジーが誕生した場所だからである。市当局によるクロイツベルグ（Kreuzberg）地区の近代化を目指した総合計画に、不法居住者やサブカルチャーグループが反対したのだ。当初の計画によれば、高速道路がこの地区を通り抜けるようになり、古い建物は取り壊され、表向きは現代的なアパート群が建てられるはずだった。

草の根運動家たちは、こうした計画を人間がシステムに服従すべきだという思想の現れととらえた。草の根運動は、市民自身が開発を方向づけ、自分の住居を自分の手でつくることを願うものだった。それまでの経験と近代都市へのあまりに根深い不満を根拠に、彼らは全体計画を拒否し、システム化・標準化された住居への対案を模索した。そして、このなかにエコロジーが取り入れられたのである。多くの努力がエコロジカルな変革に向けられ、その結果、住居の質に対する新しい考え方がもちこまれた。植物を植えて、冷たく荒涼としていた住宅地区の外部空間を和らげ、居住者の健康が冒されないような建材を用い、ニワトリやヤギを飼う場所を裏庭に設けたのだ。これには、何か根本的なところに立ち返るという意図があった。

ベルリンでのアーバンエコロジーの発祥は、このように居住者自身が住環境に直接手を加える活動であった。しかし、ドイツ社会の主流イデオロギーにこうしたサブカルチャー運動の考え方が入り込むには、

図 6. 1：ドイツのアーバンエコロジー：ドイツの環境運動の住宅はよく知られており、後年の多くのプロジェクトにも影響を与えた。写真はベルリン、アドミラル通り（Admiral Strasse）に建つDIYによる増築。

「IBA 1984-87 ベルリン国際住宅展（Internationale Bauausstellung Berlin）」の計画まで何年も待たなければならなかった。そして、デンマーク環境省（Danish Ministry of Environment）が一九九四年に出版した『アーバンエコロジー提言』に記された内容は、ベルリンのアーバンエコロジー運動とほとんど同一のものであった。そこには、アーバンエコロジーとは文化を越えたホリスティックな環境への取り組みで、「建物、街区、地区、または町全体のような、特定の場所、特定の住民に根ざしたもの」と説明されている。すなわち、草の根運動は現前の環境を出発点とするのだ。

特定の敷地、つまり〈場所〉に根ざしたアーバンエコロジーでは、環境を変えるのは居住者自身である。多くの場合、それは熱意とモチベーションに支えられており、インスピレーションに富んだ印象的な手法がとられる。しかし、科学的観点と地球環境問題の視座から見ると、彼らの優先順位のつけ方は不思議なものに映る。たとえば、動物を飼い、野菜畑を耕すことで自然のサイクルを目にできるのは魅力的だが、そこで使われる古い洗濯機やシュコーダ（チェコ製の自動車）は貪欲にエネルギーを飲み込んでいる。場所に根ざす草の根運動の性格として、現前の環境にあまりに集中して狭い視野で環境問題に取り組むために、本質的でグローバルな問題を見逃すリスクがある。

草の根運動のアーバンエコロジーは、非合理的で感情的すぎるとこれまで批判されてきたし、実際そうである。なぜなら、草の根運動はまさに社会のシステマチックな思考方法と合理主義への対抗だからである。そのため、草の根運動はしばしば近代社会の技術の成熟によって可能となった、より効果的な解決策を用いるのを避けることになる。つまり、「ソフトな」技術を用いて、昔ながらの方法を再発見することを好むのだ。とはいえ、技術革新でなく、行動の変化と新しい習慣という形で環境問題への取り組みがな

図 6. 2：文化的ムーブメント：ベルリンの壁のグラフィティ。変化は、必ずしも社会の支配者側から起きるわけではない。真の変革はボトムアップ的に起きる。

されている点で、草の根運動は環境問題に対して多大な成果を上げている。彼らの貢献は、環境問題の解決に結びつく文化的変革を提示するところにある。草の根アーバンエコロジー運動は、文字通り文化的ムーブメントなのである。

文化的ムーブメントは直観的なもので、究極の目標のようなものは設定しない非意図的なものである。絶えざる変化のなかに身を置き、新しい考えやニーズの変化を次の行動へつなげるのだ。文化的ムーブメントはプロセスであり、草の根アーバンエコロジーは住居に関するものである。つまり、建物を計画するのではなく、住まいをつくるのだ。

草の根のエコロジーがもともと既成社会への対抗としてはじまったのと同じように、その結果としての環境運動は既存のそれからは外れた価値観に基づいていた。環境運動の自然観では、人間は居住地域に対するホリスティックな感覚をもって身近な環境に強く共感し、自然はそのままの状態で経験されるべきものとなる。これは、彼らの建設行為が自然の基本的な要素——火・水・空気・地——を用いて説明されることにも現れている。自然は、物質的な価値よりも大きな意味を与えられており、それ自体に価値があるのだ。

草の根運動は環境保護を従来と異なる価値観に基づいて行うので、住まいも普通とは変わった形をとる。しかし、前述したようにサブカルチャーによる住居は必ずしも環境問題に立脚しているわけではないため、「アーバンエコロジーの言語」を他と切り離して論じることはできない。草の根アーバンエコロジーは、既成社会とのより広範な対決の一部をなすものなのだ。ここでは、科学的パラダイムが総括されて新しい世界像が模索される。そこで、前近代が思い出されるのだ。

その結果として、後ろ向きで時代遅れに見える建築ができあがる。環境保護運動には肩越しに振り返って「原初の」ものを求める傾向があり、建築は一九世紀の古典主義建築と同じように現在の危機を表現するようになる。つまり、未来に背を向けて現在への確信のなさを表現するわけだ。

環境保護運動は過去を振り返る。昔に立ち戻って、テクノロジーのメッキと、現実を切り分ける科学的な見方によって隠されたリアリティを探そうとするのだ。つまり、近代社会とその抽象的理念の仮面をはぎ取って、本質的なものを再発見しようとするのだ。こうした動きのなかでは、既成の美意識、つまり〈空間〉の美学は本質的なものを覆い隠す社会の一側面だととらえられる。だから、草の根運動は社会的に規定されたステータスの表現である既存の美意識から逃れようとし、アーバンエコロジーは、よく言われるように「アンチ美学」として立ち上がるのだ。

このとき存在の意味は失われ、それまで馴染んでいた「美」は打ち捨てられて白紙となってしまった。環境保護運動は手に何も持たず、意味のある記号、つまりしるしを待っているのだ。

図 6. 3：時代遅れの建築：環境運動の懐古的性格は住宅デザインに表れている。

図 6. 4：行動の変化：環境運動の成否は、技術的解決よりも行動の変化にかかっている。草の根環境運動家は省エネ洗濯機を笑い、物干しを使う。

事例：コペンハーゲン──「自由都市」クリスチャニア

デンマークでは、建設における環境への取り組みはかなりの部分が政府機関によって進められてきた。というのも、デンマークではドイツほど草の根の環境運動が普及していたわけではないからだ。しかし、一九七〇年代には既成社会への代替的な道として、いくつかのコレクティブコミュニティが生まれた。これらの田園の自給自足的コミュニティでは集合的責任と連帯という理想が掲げられ、ここにリベラル志向の市民が住むようになった。人々は社会の既成のルールから自由になろうと努力し、自らの存在の新しい意味を探りはじめたのだ。

こうしたコミュニティがあちこちの田園地帯にできはじめたのと同じころ、コペンハーゲン近郊のクリスチャンスハウン（Christianshavn）にある兵舎跡地のフェンスをくぐり抜けた人々がいた。彼らは、ベルリンのクロイツベルグで空き家を占拠した不法居住者と同じように放置された兵舎のなかに住みつき、のちに「クリスチャニア（Christiania）」と呼ばれることになる居住地を形成した。

実は、クリスチャニアをめぐる攻防は実際にはこれより数年前にはじまっていた。兵舎に隣接する地域の住民が公園の建設を要求し、「大砲の響きよりも子どもにブランコを」というスローガンのもとに軍を非難した。そして、近隣の子どもたちの遊び場を造るために、住民は兵舎の周りのフェンスを壊したのだ。

その直後に軍はこの土地を放棄し、一九七一年に活動家たちがここに入りはじめた。軍は大量の物品を残したまま去ってくれたうえに建物の質もよかったので、「リサイクル」するのはたやすいことだった。

図 6. 5：プロセス志向の住居：プロセスを体現するクリスチャニアの住宅。家族が変化するにつれて住宅も変化する。

図 6. 6：原始的住宅：間にあわせの可動式住宅。クリスチャニアの現代版、トールップ（Torup）のエコロジカル村にて。

敷地内の材料を使って安価に建物が建てられ、文字通り古いものを壊しながら新しい社会がつくられていった。しかし、当時においては、クリスチャニアでのリサイクル材料の使用はエコロジーへの配慮よりは既成社会への反抗という意味合いが強かった。

クリスチャニアに住む人々は増えていったが、いずれは一掃されてしまうのではないかという危機感は常に漂っていた。ここは仮の場所というイメージがあり、人々は仮設の現場小屋に住んだのである。

しかし、やがてこの「自由都市」がそのまま存続する許可を与えられると、人々は土地により深く根を下ろすようになった。その象徴的な行為として、クリスチャニアの永続性を示すために住民は「未来の森」を植え、少しずつ現場小屋を増築して充実させていった。小さな離れや玄関、そのほかのさまざまな「こぶ」が住居から突きだすようになった。これらは、プロセス志向の住居、つまり家族のニーズにあわせて常に変化する住居の姿を示していた。

クリスチャニアの人々は、地位と金銭を得るための競争がもっと本質的な価値に対してあまりにも支配的になってしまったことから、既成社会の規範を拒絶した。彼らは、社会が提供するのとは違った人生を求めていた。身近にある大切なものを尊重し、「社会」というゲームの小さな駒の一つでいることに満足せず、お互いを気にかけて助けあう人間でいたかったのだ。

彼らは、既成社会のしがらみから離れた自由な社会をつくろうとしていた。そして、そのために自給自足が目指された。野菜を栽培することで自給している感覚が養われ、家畜の飼育は新しい経験をもたらした。これらによって、異なる価値観に基づいた新しい居住地をつくることができたのだ。

クリスチャニアで見られた動きのいくつかは、今日のアーバンエコロジーのプロジェクトで挙げられている目標と同じである。クリスチャニアが初めて占拠されたころには、「アーバンエコロジー」は計画的な行動と結びついた概念とはまだ思われていなかった。というのも、クリスチャニアでは、植林、リサイクル材料の使用、食糧の自給などはすべて既成社会への抗議でしかなかったからだ。一九八〇年代初めに、建築家や都市計画家が「アーバンエコロジー」という言葉を使うようになったときに初めてこれらについて明確に論じることができるようになり、アーバンエコロジーの概念が自立して存在するようになったのである。

〈空間〉の環境的取り組み——計画された建物

一九八三年、国連は環境問題の世界的な広がりを受けて「環境と開発に関する世界委員会」を設置した。そして四年後、委員会は報告書である『Our Common Future（地球の未来を守るために）』を出版した。この報告書によって、一般社会にもようやく環境問題の深刻さが広く知られるようになった。報告書の提言は都市計画にも取り入れられ、持続可能な社会に目標が定められることになった。

建設による環境への負荷は非常に大きいため、建設業にも努力が求められた。公的機関や先進的なプランナーは、全体的な行動計画に沿うような建設ガイドラインを定めた。法規や建築規制、補助金や特別に課された義務などによって、公的機関は上から開発をコントロールしようとした。その意味では、社会的レベルでの環境への取り組みは草の根の取り組みとは鮮明な対比を見せている。つまり、草の根運動は特定の地域に根付いているのに対して、社会全体でのプランニング戦略は原理的にすべての居住地域に向けら

図 6. 7：エコテクノロジー：技術革新は、個々の住人の生活に影響を与えることなく建物に付加することができる。環境への取り組みは、住民の意識や行動とは無関係と見なされている。（ベルリン、クロイツベルグ103番街）

れているのだ。草の根のアーバンエコロジーが特定の〈場所〉で実現するのとは対照的に、社会的に定められた環境への取り組みはユニバーサルな〈空間〉について考えるという性格をもつわけだ。

社会主導のプラニングは、持続可能な社会に目を向けた、意図的な取り組みである。それが目指すのは完成品であり、環境的に適切な「建物」がこの場合の完成品となる。建物は、建設が終わった時点で住み手に引き渡される「あとは住むだけ」のソリューションであることから、建物は生活を取り囲む物理的な器だといえよう。そして、生活はあとになってその内部で展開する。住み手は建設の段階には関与しないので、こうした環境への取り組みは住民の生活にまったく影響を与えないで成立することが原理的には可能である。技術的な構成の部分で、建物内部と周辺での人間の活動の環境への影響が考えてあるので、住民は生活習慣や行動を変える必要がないというわけだ。

こうしたプラニングでは、環境面での成果は住民の意識の高まりや文化的変革ではなく、専門家の科学的知見と技術開発によってもたらされるものだということになる。

　技術に対する一方的な信頼から、環境的に望ましい効果が得られるとは必ずしもかぎらない。一例を挙げると、エコロジカルな都市再開発の一環としてつくられた、ガラスで覆われた南向きのバルコニー（サンルーム）を設けた住宅群でこれが起こった。バルコニーをガラスで覆うのは、ここが冬季には温室となって住戸のほかの部分に熱を与えるという発想からである。しかし、住民は必ずしも計画の意図通りにはバルコニーを使わなかった。冬は居室とならないはずのバルコニーをいわば「太陽熱暖房パティオ」として使うために電気暖房を置き、その結果、期待されたエネルギーの節約どころか逆にエネルギー消費が増えたのである。この例は、環境に配慮する習慣のないところに計画だけを適用したときに起こる問題を示している。つまり、プラニングの理想と住民の現実の生活の間のギャップが大きすぎるということだ。ここに欠けているのは、抽象的思考と具体的現実の間のつながりである。

　私たちの社会は科学的思考のパラダイムに基づいており、プランナーが環境問題に対する提案をするのはこの枠内である。したがって、ここで問題となる環境問題は科学的にその存在を示すことのできる問題にかぎられることになる。あまりに視野の狭い科学的視点をとると、常識的に見て健全な道理を考慮から外してしまう危険がある。よって、重要であるにもかかわらず膨大な時間がかかる問題や探知するのが難しい問題を無視するという危険がつきまとう。

　農業における殺虫剤の使用はこうした例である。環境運動家は、長年にわたって農薬に警鐘を鳴らしてきた。なぜなら、常識的に考えれば毒素がいずれは地下水や食物に入り込むことが明らかだったからである。しかし、地下水に含まれる少量の毒素を科学的に検出できるようになったのは何年もあとのことで、そのときになって初めて社会も問題を真剣に考えるようになったのだ。

既存の世界観に則った環境への取り組みは、既成社会の調整や修正を触発することはあるかもしれないが、決して根元的な変化をもたらすものではない。環境マネジメントは、科学が環境問題を指摘している間ダメージを修復して既成社会の構造を調節する。つまり、合理的でシステマチックな方法で環境問題に取り組むのだ。これはちょうど、社会がエネルギー、水、廃棄物、植生というふうに専門領域に分かれているのと同じことである。自然は全体として見られるのではなく、科学の機械論的な見方、つまり〈空間〉の見方で構成要素に分解して扱われるわけである。要するに、社会の既成の規範や価値が持続可能な開発の基盤にはあるのだ。

この傾向は、先に挙げた報告書『Our Common Future』にも現れている。この報告書は、西洋社会にあまりに深く編み込まれた成長神話を認識していない。報告書には次のように書かれている。

> 基本的なニーズを満たすことは、部分的には成長の可能性を活かすことに依存する。こうしたニーズが満たされていない地域では、持続可能な発展は明らかに経済成長を必要とする。それ以外の場所では、それ（持続可能な成長）は持続可能性の原理を反映し、他者を搾取しないかぎりにおいて経済成長と一致する。しかし、成長だけでは十分ではない。[原註1]

この報告書は世界の裕福な一部地域の成長に疑問を呈することを避けている。その影響で、政治家たち

図6.8：システマチックな環境技術：発電所の余剰熱を地域暖房に利用するコジェネレーションは、環境マネジメントがもっとも成功した例の一つである。

図6.9：技術的解決策：実験住宅「エコビジョン」は、先端技術がいかにしてエコロジカルな成果を上げることができるかを示す。照明は自動的に消え、水道も自動的に止まって室温は制御される。窓は開閉できないので、住民が環境制御を気にかける必要もない。（設計：フレミング・スクーデ、イヴァー・モルトケ、ベルテル・イェンセン）

は報告書に言及しながら、グローバルな持続可能な開発には裕福な国々の成長が前提条件だと語って委員会のメッセージをゆがめるのである。しかし、報告書はそう言っているわけではない。持続的な発展のためには裕福でない国々の経済発展は必要ではあるが、裕福な国々の成長は一定の条件下でのみ持続可能性と両立できるというのだ。

　環境マネジメントは既成の価値に立脚することから、建築的言語の根本的変化には結びつかない。環境マネジメントはこれまでと同様に建物の物質的な側面に着目するもので、経験的な側面は副次的なものとされる。

表 2：草の根運動とプランナーの対比

草の根運動の環境的取り組み	プランナーの環境的取り組み

具体的〈場所〉に根づく	抽象的〈空間〉で計画する
前近代的	近代的
ホリスティック	還元主義的
非意図的	意図的
プロセス志向の住居	完成品志向の建物
文化的変革	技術的進歩
直観に基づく	科学的知見に基づく
脱中央集権的	中央でコントロール
変化を目指す	調整する

しかし、行動や意識の変化ともかかわるエコロジカルな居住形態が、少数の特別に意識の高い人々にとどまらずより広く普及するためには、アーバンエコロジーの建築の刺激的で魅力的なデザインが必要である。

まとめると、草の根運動家とプランナーの環境への取り組みには根本的な違いがあるということだ。草の根運動は現実のなかで起こり、プランナーの取り組みは現実の周囲を巡っている。また、草の根運動は意味を求めてしるしをつくるが、プランナーは計画を描いて開発を実現するのだ。

事例：コペンハーゲン――コンゲンス・エンへーヴェ（Kongens Enghave）7街区

一九九〇年、デンマーク住宅省（Ministry of Housing）は未来の都市再開発の提案を募るコンペを実施した。コンペの目的は、将来の都市再開発に適用できるようなさまざまなアイデアや手法を募ることにあった。住宅省がとくに関心をもっていたのは、高齢者や障害者にも適した都心高密度居住地区の住宅、伝統的な既存都市住宅の増築、そして商業スペースの住宅用途への転換に関する提案を得ることだった。

多くの応募のなかから、「DOMUS」という建築事務所の洗練された案が選ばれた。それは、バスルームと、現状よりもよい条件の台所といった設備機器を内蔵したタワーを既存の建物に付加するというものだった。そのほかにも、コンペ案にはエネルギーと水の消費を減らす環境に優しい技術が組み込まれていた。たとえば、屋上では太陽熱を利用して温水をつくり、パティオを断熱ガラスで覆って熱損失を減らし、熱交換器は換気される暖かい空気から熱をリサイクルし、トイレは中水利用となっている。

審査員はこれを、「ユニバーサルな建築問題」にこたえる立場から、「リノベーションの普遍的な方法を提案し……他への適用を考慮して」つくられたものだと評価した。[原註2] 建築家は、一つの方法で多くの場所で同じ問題を解決できる策をつくるのに成功したようだ。そして、まさにこれがコンペの目標だったのだ。コンペ案はユニバーサルなアイデアを示すもので、のちにコペンハーゲンのコンゲンス・エンヘーヴェで実現した設備タワーは、その場所の独自の条件ではなくコンペのアイデアに立脚したものだ。このプロジェクトの環境への配慮は、このように〈空間〉で思考された取り組みの好例である。

　設備タワーは、そもそもは住戸の太陽熱のパッシブ利用[1]を助けるものだが、ここでは、結果として建物の南北両側に造られた。[2] 敷地ごとの条件ではなく、一般的な思想やユニバーサルなテーマを背景とした計画は、このようにすべての場所で使われる「模範解答」となってしまう。この設備タワーは、原理的に

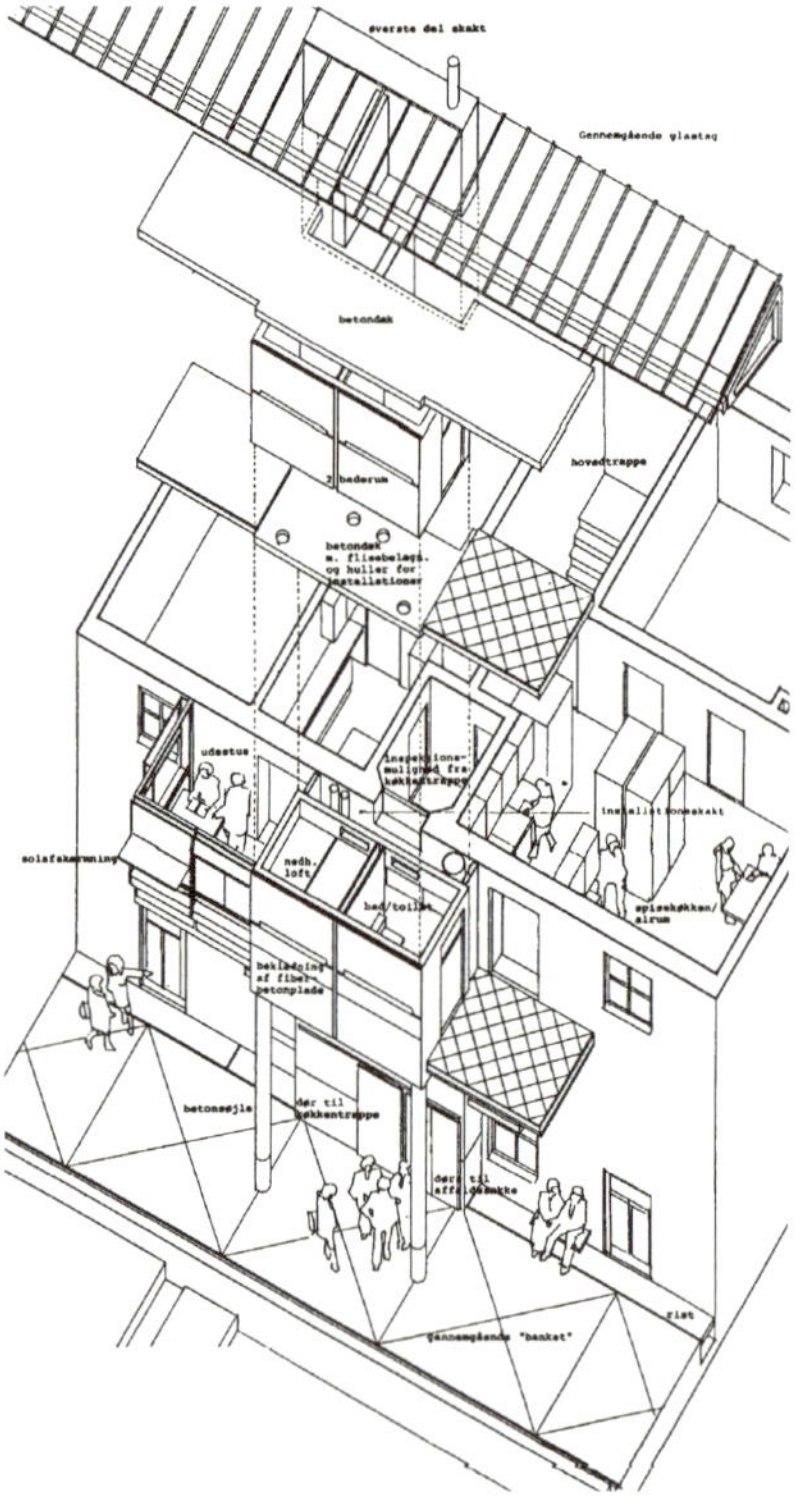

図 6.10：未来の都市再開発：「DOMUS」による受賞案。これは、さまざまなプロジェクトに適用できる標準化されたソリューションだった。コンペの副産物として、このコンセプトは特定の場所に適用されることになる。

はほかの集合住宅にも用いることができる。過度に秩序だてられた〈空間〉の思考では、すべての場所が同じだと見なされてしまうのだ。

このコンペと実験建築は、〈空間〉の論理で企図されたものだ。こうした試みは、環境に優しい建物の発展にとって必要である。しかし、ある手法を究極と見なすことは避けなければならない。個々に条件の異なる建物に適用できるようなさまざまな新しい提案を生みだすためのベース、そして知識やインスピレーションの源と考えなければならない。

（1）機械装置を用いない蓄熱・集熱の仕組みにより太陽熱を利用する方法。

（2）建物の北側では当然、太陽熱利用はできない。

図6.11：受賞案が実現したコペンハーゲン、コンゲンス・エンヘーヴェ7街区。

〈インタフェース〉の環境的取り組み——新しい世界観のアーバンエコロジー

ここまで、今日までの環境への取り組みが大きく二通りの方法をとってきたことを見てきた。一つ目は、ある特定の〈場所〉で起こる文化的運動である。もう一方は、抽象的な〈空間〉のなかで構想される全体計画という形での取り組みである。しかし、どちらも環境問題の十分な解決策を提示できていない。

草の根の環境運動は、既存のものに代わる価値を探求する。既成社会は拒絶され、活動家たちはテクノロジーや専門化した科学に背を向けることになる。そうすることで、彼らはローカルな世界に自らを閉じこめ、グローバルな全体像を見失ってしまう。そうして環境問題の世界的な広がりという観点から見ると不十分で古い手法に行き着くことになり、草の根運動の建築は懐古的で退行的に見える結果となる。つまり、現在と未来に背を向けて前近代的な文化に幸せを求めるのだ。たしかに、近年は中世文化を見直す動きがあるが、その後の五〇〇年、六〇〇年の間に成しとげられたことを軽視するのは賢明ではない。

プランナーは、科学的世界観に固有の価値に基づいて環境に取り組んでいる。しかし、先述したように自然科学や科学に基づく自然観は環境問題を引き起こした大きな要因でもある。近代的な世界観はその可能性をすでに試したのだ。科学が環境問題の要因となったにもかかわらず、近視眼的にそれを信奉し、そこに解決策を求めるのはきわめて非論理的である。環境問題はとどまるところを知らない消費の結果として生じたもので、その慣習や態度の変化を求めないで、科学的専門知識と技術発展にすべてを賭けても解決はできないはずだ。

よく知られたスローガン「Think globally, act locally（地球規模で考え、身の周りで行動せよ）」に照らせば、社会は地球規模で考えて、サブカルチャーはローカルに行動するといえるだろう。社会レベルで取り組む全体的なプラニングでは、ターゲットは地球規模の環境問題――温室効果、オゾンホール、酸性雨など――である。一方、草の根運動のレベルでは、その土地で直接実感できる環境の改善――外部空間の改善、健康な居住条件、観察可能な自然のサイクル、非中央化された下水処理など――に集中することになる。

しかし、革新的なアーバンエコロジーは、地球規模で考えるかローカルに行動するかという二者択一の問題としてはとらえない。もっとも本質的で包括的なアーバンエコロジーでは、ローカルな行動にも常にグローバルな思考が伴わなければならない。同時に、〈場所〉か〈空間〉のどちらかの世界に閉じこもっていてはアーバンエコロジーは成立しない。つまり、本当のアーバンエコロジーは〈インタフェース〉で発達するものなのである。

〈インタフェース〉は、「こちらかあちら」のような二元論的な選択を前提にはせず、具体的な〈場所〉の経験は〈空間〉の抽象的理念と結びつけられる。自然科学のように、部分や成分に分けてとらえるというバイアスをかけないが、だからといって総体性に感情移入して科学を排除するわけではない。物事自体よりも、物事の相互依存性が重視されるのである。

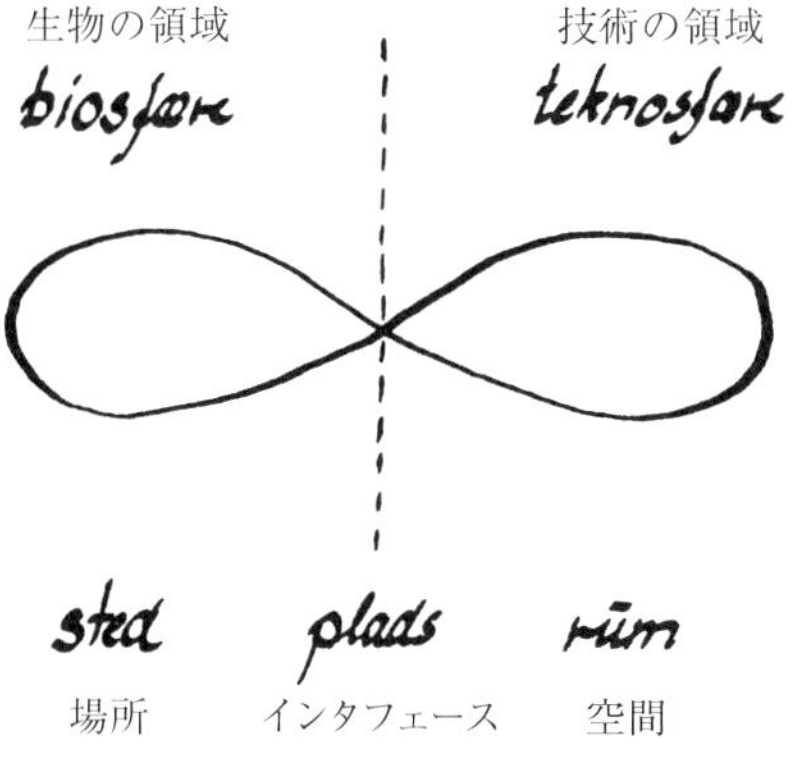

図6.12：関係性のインタフェース：アーバンエコロジーは自然と文化の関係性に着目する。

図 6.13：〈インタフェース〉における環境への取り組み：ドイツの建築家であるヨアヒム・エブレは、「私たちの周囲にある自然と同じように、私たちの内にある自然にも取り組む」と語っている。このようなアーバンエコロジーは、〈インタフェース〉の場につくられる。写真はケール（Kühl KG）オフィス。

新しい知識が生まれ、既成の専門分野の境界を越え、ここから真のアーバンエコロジーが生まれるのだ。都市か自然のどちらかではなく、都市と自然の相互のつながりが問題となる。そして、アーバンエコロジーは、都市を自然の一部と考える新しい理解の枠組みを提供するのだ。

〈インタフェース〉におけるアーバンエコロジーは、科学技術に立脚する環境への取り組みのように、自らを自然より上位の「神」と考えるプランナーによってつくられるものではない。だからといって、人間を自然の奴隷と見なすのでもない（一部の草の根運動や、すべての霊性は自然のうちにだけ存在すると信じる強硬派エコロジストのなかには、〈無距離〉の感覚によって視野が狭まり、このように考える者もいる）。

〈インタフェース〉では、むしろ人間は自然の「牧者」ととらえられる。（原註3）私たちは自然とともに生きて自然の状態に依存するが、同時に自然がもたらしてくれる恩恵を利用するのだ。自然は客体ではない。また、結果的に私たちを客体に位置づけてしまうような主体でもない。〈インタフェース〉には第三の可能性がある。ここでは、自然はそれ自身のためにも保護されるべきものとなるのだ。

アーバンエコロジーは〈インタフェース〉として成立し、そこでは私たちは自らの環境を意図的につくりだす主体とは考えない。環境によっても私たちは規定され、外在する自然と内的な自然の両方に意味を見いだす必要に迫られる。自然は資源と見なされるが、同時に私たちは自然の一部でもあるのだ。つまり、距離をおいて自然を眺めることはできるが、人間の根本的なルーツが自然のうちにあることを知らなければならない。抽象的な文化は具体的な自然に根づいているのだ。

今日的なアーバンエコロジーを考えるとき、プランナーのユートピア的理想に目を眩ませられないことが重要だ。彼らの理想は、現前の環境の多様性を切り捨てることで実現するからだ。しかし、抽象化は具体的な基盤に基づくことを忘れてはならない。アーバンエコロジーに立脚する都市と建物の計画は、ともに特定の〈場所〉がもつ固有性――場所の歴史、場所の地形、場所の気候、場所の自然……その場所の性格、ゲニウス・ロキ――に共感することからはじまる。そうすることで、場所の固有性を考慮することを止めたシステム建築に特有の均質性と退屈を避けるのだ。そして、環境への取り組みが、一般的なお手軽な解決法をとることの失敗を繰り返さないようにするのだ。環境への取り組みは、問題の場所の条件にあわせ、住民のニーズと要望と夢に焦点をあてる。プランナーが経験の非合理性と創造の予測不可能性を受け入れることで、多様性と多元性は活気のある生き生きとしたアーバンエコロジーに姿を現すことになる。

新しいアーバンエコロジーは、全体計画の意図を狭量に表現したような形をとらない。また、草の根運動のような非意図的な活動の単なる結果でもない。ここで起きているのは、非意図的な事柄の土壌となる地盤を意図的につくることだ。このようなコンセプトに形を与えたのが、建築家のフライ・オットーとヘルマン・ケンデルがベルリンの「ＩＢＡ住宅展」のために設計した、コルネリウス通りの「ウコハウス」（Ökohaus-Corneliusstrasse）である。

のちに詳述するように、この住宅は柱とスラブで構成され、この骨格のなかに住戸が造られた。オットーとケンデルがフラットスラブ構造[3]を設計し、スラブに挟まれる住戸は住民が自分たちで設計を練って施工した。建築家は全体のコンセプトをつくったが、建物の最終的な形にはあまり影響力をもたなかった。このコンセプト自体、デザインを決定するのは建築家ではないという仮説から生まれたものだ。こうして、建築家は「計画されない形」を計画し、意図的に、非意図的な建築の

図 6.14：意図的に非意図的：ウコハウスの建築家は、建物のデザインが計画されないように計画した。

形がつくられたのだ。

　ウコハウスの環境面も同様である。建築家は個々の住戸に環境技術をあらかじめ組み込む代わりに、ドイツの最先端の専門家に依頼して、住民に対してアーバンエコロジーに取り組む方法にどのようなものがあり、どのようにそれとともに暮らすべきかを説明してもらった。何度かの勉強会のあと、建築家と専門家は一歩引いて、それぞれの家族がどのように環境問題に取り組んで、どのような設備を住宅に取り入れるのかを決めさせたのだ。これは言うなれば、地元住民の具体的な文化と抽象的な理想の違いを強調するのではなく、これらが出合うようにする試みである。

　革新的なアーバンエコロジーにおいては、建物が住戸内の常に変化していく暮らしの外を覆う枠組みにすぎないことが意識される。もちろん技術

(3)　柱の上にスラブが梁を介さずに直に載る構造。

図 6.15：相互作用：ドイツ、テュビンゲン（Tübingen）のこの住宅の外部空間は、ヨアヒム・エブレの設計事務所と住民が協同してデザインした。生きたアーバンエコロジーが成長するために、予想不可能性の余地が残された。

を導入するにしても、根本的には私たちの慣習や行動の変化がなければ環境の本当の改善につながらないことを意識したうえでのことである。

つまり、アーバンエコロジーの建築では、文化的価値がもっとも重要な課題に位置づけられている。アーバンエコロジー的な配慮は美的な結果を伴うわけだが、美はもはや完成した建物の装飾ではなく、住民の実存と生存のプロセスで体験される性質のものになる。美は日常生活に現れ、現実や環境問題から遊離した像ではなくなる。〈インタフェース〉においては現実と美（イメージ）は統合され、アーバンエコロジーにおいて美的側面は新しい意味をもつようになる。

建築家たちがエコロジカルな側面を建築に取り入れてこなかったのには理由がある。今日まで、エコロジカルな取り組みは時代遅れと建築家にはとらえられていた。これまで、エコロジカルな試みは二つの異なる、そして不十分な世界観のなかで発展し、どちらも今日的な感覚での美とは相容れなかったのである。問題は、現代の空間認識と調和する環境への取り組み方を考えることだ。ここでは、エコロジカルな取り組みを建築から独立したものと考えることはできない。エコロジーが芸術的にも全体の一部となれば、アーバンエコロジーを現代建築に組み込むことができない理由はなくなるはずだ。

今、包括的な環境への取り組みが必要とされている。そして、それは〈インタフェース〉の美学という形をとるはずだ。建築家のエコロジーに関する目標は、資源消費の経済性という直ちに測定可能な面には限定されない。抽象的表現を具体的体験に統合するような芸術的表現を創造して広めることが、建築家のエコロジカルな仕事の重要な一部になるだろう。抽象的空間と具体的場所の間にある、可能性に満ちた場に展開する建築では、アーバンエコロジーの取り組みと芸術的な質を調和させることができる。ここに、

図 6.16：ウコハウス（コルネリウス通り）：コルネリウス通りに面したウコハウスの南東ファサード。

建築とアーバンエコロジーの共通の関心事があるのだ。

事例：ベルリン――ウコハウス

一九八八年、ウコハウスの建設がはじまった。これは、ベルリンの「IBA住宅展」のためにフライ・オットーとヘルマン・ケンデルによって計画されたものだ。ここでウコハウスを取り上げるのは、理想的なアーバンエコロジーの模範例として紹介をしたいからではない。模範例というものはそうそう存在するものではない。この集合住宅について詳しく述べるのは、これが私たちの現在の位置をよく示す例だからである。私たちは今、これまでの価値観を捨てきれずに、新しい価値観を求めるパラダイムシフトのただなかにいる。この集合住宅は、伝統的な環境への取り組みから明確に一線を画すものである。

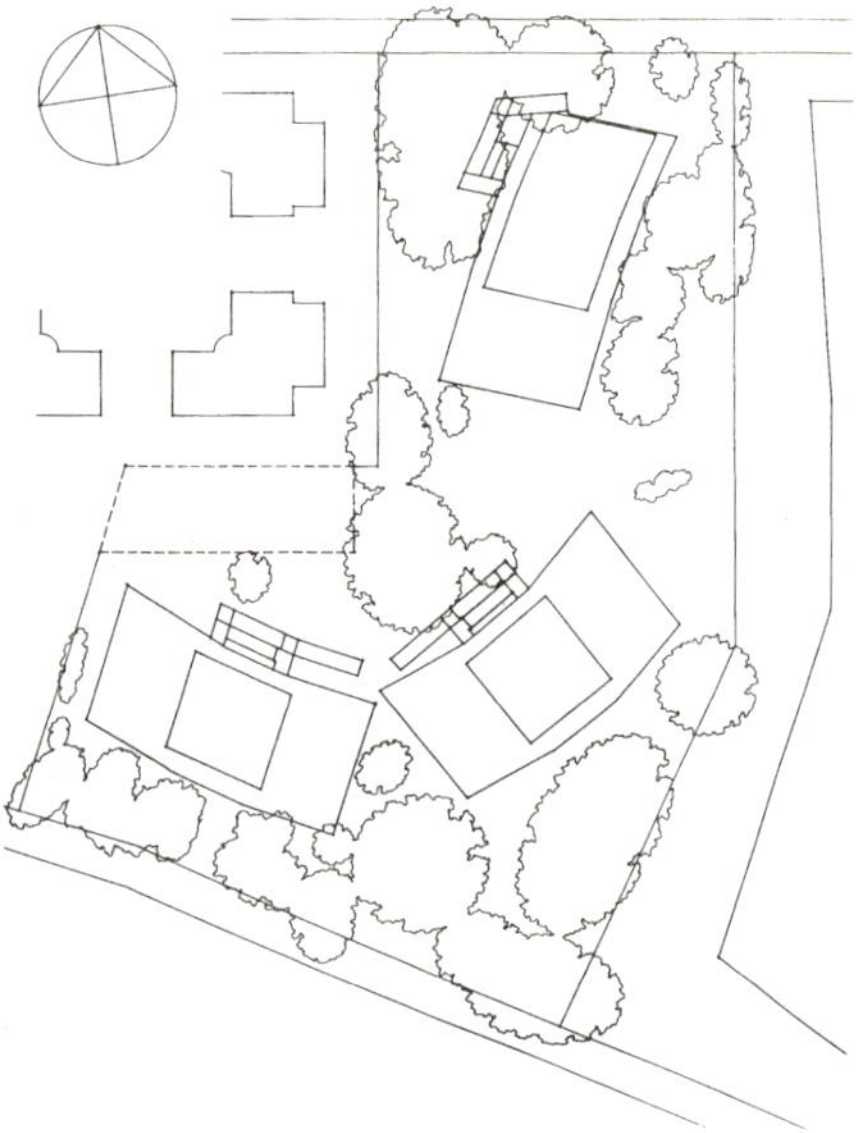

図 6.17：ウコハウス配置図：これを見ると、建物の方位と形態をもともとの植生が強く規定していることが分かる。

図 6.18： 3 階にある空中庭園。

この集合住宅は、三棟に分かれた、鉄筋コンクリート造《ぞう》のフラットスラブシステムの構造物である。階を隔てるスラブの間に住戸と付属の庭がある。それぞれの住戸が専用の庭をもち、デザインに個性があるという、戸建て住宅のような環境が都心の高密度地区において実現している。

　敷地にはもともとヴァチカン大使館があったが、第二次世界大戦で爆撃を受けて破壊された。そして、ウコハウスの建設まで敷地は手つかずのままで、その間にうっそうと緑が茂るようになった。建築家は自然を残すために多大な努力を払い、三棟の配置は既存の樹木を切らないように考えられた。そして、古い樹木の根を傷つけるという理由で地下室は設けないことになった。さらに、建物を建てることによって失われる緑を、各階の庭園と屋上緑化で補おうとした。

　工事を通じて自然を保護するために注意が払われた。工事用機械の数は制限され、資材も特別に区画された一画にしか置いてはいけなかった。その結果、工事完了のときにはすでに木々や緑が建物の隣で成長し、生い茂っていた。さらに、緑はそのまま住戸の温室にも入り込み、どこまでが植栽で、どこからが建物かがあいまいになっている。建物と周辺環境、つまり文化と自然の間の境界が溶けあっているわけだ。

　建物の部分部分にも自然とのゆるやかな関係が見てとれる。住戸へは、すべて地面からもち上げられたデッキをわたってアクセスするようになっている。訪問者の足下で、植生は乱されずに成長できるのだ。デッキは動線を自然の都合に合わせることで自然に対する謙虚さを表している。ここでは、自然はその有用性のためでなく、ありのままで価値をもつものとして存在しているのだ。

　このプロジェクトでは、自然と共生する新しい方法が提案されている。よって、これまでの建築であまりにも強く表現されてきた自然との距離は消え去っている。人とは離れたところの自然の景観を見るので

図 6.19：場所の自然：訪問者の足下で動植物が生きていけるように、コハウスへのアクセスはすべてデッキを経由する。

図 6.20：場所の歴史：ウコハウスはヴァチカン大使館の跡地に建つ。かつての建物の一部は今も残っている。

はなく、自然と一体になって自然に従うのだ。これまでの自然の「眺め」は、自然の「洞察」に取って代わられることになる。

　過去の思考からの脱却はほかにも見られる。敷地のあちこちで昔の建物の一部が地面から突きだしている。ちなみに、敷地の縁には戦時中のコンクリートの防空壕まで残っている。こうしたところにその場所の歴史を見ることができ、蔦や苔にほとんど覆われた過去のものを目にすることで、ゆっくりと風化していく先をも意識するのである。つまり、過去と未来が現在にも生きているのである。

　フラットスラブ構造になっているのは、こうすることでフレキシビリティが確保され、住民がそれぞれの住戸をまったく自由にデザインすることができるからである。オットーとケンデルにとって、住民が自らの環境を形づくり、「住まい」に対する夢や希望をかなえるようにすることは重要だった。

　そのためには、自己組織的プロセスが建物の実現にあたって大きな役割を果たした。共用部分の計画についての議論を通じて、住民はお互いの個人的な経験を共有していった。こうした自己組織化はデモクラシーの実現と考えることができる。オットーとケンデルは、この民主的な方法に刺激を受けたという。ウコハウスでは、民主主義の思想はここの住民という個別の集団と結びついている。つまり、ここではデモクラシーは抽象的な社会思想ではなく、現実の人々の具体的ニーズから出発した自己組織化という形をとっているのだ。

　集合住宅に住む家族が選ばれると、環境問題に関してドイツでも指折りの専門家が呼ばれ、環境問題の広がりと性質、建設する立場と住む立場から何ができるかについて将来の居住者に情報を提供した。何回かの勉強会のあと、建築家と専門家はそれぞれの家族が自分たちで何をするのかを決めるようにしむけた。

図 6.21：個性の表現：環境技術と同様、インテリアデザインも個々の住戸で大きく異なる。この建物は、均質なシステム的建築とは対照的である。

したがって、住民の取り組み方に対してトップダウン型の要求はほとんどなされなかったことになる。個々の住戸には、さまざまな環境への取り組みを見ることができる。ある家族は内装を土で造ることにした。また、ある家族は中水が住戸内ですぐさま浄化されて再利用されるようにした。そして、別の住民は自身が電気技師であることもあって配線の実験的な被覆方法を試した。アーバンエコロジーの「正しい」やり方が上から決められるのではなく、変化に富んだ、多様な形でエコロジーが現れてくるのだ。

このように、建物のエコロジカルなコンセプトにオットーとケンデルの個別性への希求も集約されている。彼らはともに、エコロジカルな変化は住民自身から萌芽しなければならないと確信していた。だから、環境問題についての情報と、種々の問題が相互に関係する文脈がエコロジカルなコンセプトの重要な一部だったのだ。

フラットスラブ構造がもたらすフレキシビリティゆえに、それぞれの家族と彼らの雇う建築家が住戸の全体構成とインテリアをまったく自由に決めることができる。これは、時間がたつにつれて、集合住宅全体が新しい居住者や常に変化するニーズに対応していけることも意味する。

オットーとケンデルは、一つ一つの住戸の詳細に至るまで情熱を注ぐことはしなかった。彼らは、この集合住宅の将来の変化に自分たちが影響を及ぼせないことをよく知っている。彼らは、時代が移って住民が入れ替わるにつれてファサードも姿を変え、五〇年後、一〇〇年後にはまったく違った外観になるだろうと述べる。近代建築においてはファサードのデザインは「自由」だったが、ウコハウスではファサードは「流動的」である。自由なファサードと自由な平面は、流動的なファサードと流動的な平面になったのだ。一〇〇年後には現在のファサードは存在しないが、その後ろにある構造体――思想――は生き残るのだ。

図 6.22：「自然の美」：ウコハウスのデザイン原理は、計画されない、生きた美のための地盤をつくることだと建築家は述べている。彼らは、これを「自然の美」と呼んでいる。

このプロジェクトは、常に移り変わる流動的な社会――固定的な枠組みがなく、実存に対する不動の態度も存在しない社会――の表現ということもできる。ポストモダン社会は基盤となる文化を忘れた。同様に、自然のうちにあった文化の起源も隠れてしまった。完全な自由が達成され、私たちは何も確定的なものがない世界に独立した個人として放りだされ、時間と空間のなかを、そして過剰な選択肢の間を浮遊している。

一方、このプロジェクトは確固たる土台の探求を含んでいる。時間を振り返ること、場所の歴史と自然を尊重すること、ここの住民たちの文化のなかに実存の本質的な枠組みを再発見しようとする努力が見られる。つまり、浮遊する思考が錨を下ろすことのできる基盤、抽象と現実をつなぐものを探しているのだ。

ウコハウスが建築であるか否かが議論の的になってきた。たしかに言えるのは、伝統的な意味の建築でないということだ。オットーとケンダルはこの住宅を樹木にたとえている。コンクリートの重々しい構造体が何百年も立ち続ける木の幹にあたり、軽い住戸たちが時とともに移り変わる葉や鳥の巣である。ケンデルはこう言う。

「樹木にはそれ自身の美学がある。信じられないような美しさをもっている。しかし、私たちはこれを『芸術』とは呼ばない。なぜなら、人工物でないからだ。樹木の美しさは人為的なものではなく自然のものだ」（原註4）

二人の建築家はこの樹木の特別な美しさを「自然の美学」と呼び、ウコハウスにもそれがあると考えているのだ。

いくつかのプロジェクトを通じてフライ・オットーは、それぞれの材料にふさわしい自然な形をとらせることで自然の美しさを表現しようとしてきた。ウコハウスでは材料の性質ではなく、住民の精神——つまりは住民の内的な自然——に光があてられている。

オットーはずっと形態を導き決定する地位を放棄し、謙虚であろうとしてきた。これは、ウコハウスが自然のなかに置かれている様子にも表れている。形態は建築家によってつくられるのではなく、自然のなかに見いだされるのだ。芸術的表現は、材料や住民、利用者が建築家のアイデアに合わせなければならないような、コントロールされたデザインの成果物ではない。ここでは、その建物が立脚する具体的な基盤への本能的な共感から形態が生まれる。つまり、計画されない、モノそれ自身の変化や偶然の余地が残してあるのだ。

ウコハウスは、このように有機的に融合していた中世の都市の顕著な特徴を連想させる。中世の都市は大きなプラニングにのっとってつくられたものではない。しかし、中世の町と理性的なアプローチでつくられたウコハウスの間には根本的な違いがある。たしかに、ウコハウスでは中世の都市と同様にプロジェクトの完成形は計画されていない。だが、その代わり、住戸を「計画しないこと」自体がが計画に折り込まれているのだ！　これが違いである。つまり、ウコハウスは非意図的なものを意図することを表現しており、これは〈インタフェース〉の表現だといえる。

ここでの環境への取り組みは、〈インタフェース〉の世界につくりあげられている。オットーは、まず住民を大量の情報に接しさせた。この段階では住民に環境問題の知識を詰め込み、その場所の文化に影響力を働かせた。のちに専門家は一歩下がり、個々の住民にそれぞれの環境への取り組みを決めさせた。社会的で抽象的な理念と具体的な文化の対比を強めるのではなく、それらが出合うような試みがなされたのである。

第7章 アーバンエコロジーの建築

今日まで、建築の領域における環境への配慮としては、技術開発や建設の効率化によりすぐに結果が得られる〈建築体〉に関わる努力に焦点が当てられてきた。しかし、〈建築概念〉や〈建築美〉にも環境にとって同じくらい重要な代替的価値観が表現される場合がある。この章で指摘するように、アーバンエコロジーの価値観の変化は一連の文化的変化と緊密につながっており、最近の芸術や建築の動向にもそれを見ることができる。また、最近のデザインがそうであるように、アーバンエコロジーは、さらに広範な文脈、大きなパラダイムシフトの一部である。これは、アーバンエコロジーは現代建築に組み込まれることができるし、そうすべきだということを意味する。

第1章では、人が知性によって理解できる現実と、五感によって経験する現実の区別について詳述した。類似の議論が、建築の科学的基準に基づいて説明・評価できる側面と、直接に経験される側面についても可能である。知性による理解が精神と物質を分けることで成立したのと同じように、建築の一般的な評価の対象となりうる部分はさらに理念的な〈建築概念〉と物質的な〈建築体〉に細分できる。一方で、建築との出合いはその全体性において理解されなければならず、それは〈建築美〉の質的な経験として明らかになる。結果的に建築は、〈建築体〉、〈建築概念〉、〈建築美〉という三つの側面が折り重なったものということができる。この章では、建築を構成するこれら三つの側面に沿って、建築におけるアーバンエコロジーの説明をしていこう（原註1）。

❶〈建築体〉は、建物の機能的・技術的・構造的・資源および経済的な効率と、物質の循環に対する影響に決定的に重要な建築の物質的な側面である。

❷〈建築概念〉は、態度と価値観を反映する建築のイデオロギー的基盤であり、建築家は建築デザインの基礎を築くために建築理論、理念や文化的価値を多かれ少なかれ意図的に利用してきた。

❸〈建築美〉は、建築の経験的な質と関わっている。直接的経験は、観察者および参加者にとっての新しい知覚とリアリティに通じる。このようにして、新しい理解の枠組みは文化的認識のなかで発展していく。

このような三部構成で建築を理解することで、エコロジカルな建築に対する新しい視点が浮かびあがってくる。今日まで実際につくられてきた環境志向の建築物では、リサイクル材料の使用、技術的発展、省資源構造物の建設、そして建築が自然界の物質の流れに与える負荷に着目するライフサイクル分析に焦点が当てられてきた。つまり、〈建築体〉に関する資源の問題に集中してきたわけだ。しかし、環境的配慮を総体的な存在としての建築に組み込むのであれば、〈建築概念〉と〈建築美〉も同じように考えに入れなければならない。環境的配慮がどの程度、態度の変化、新しい基準、そして建築家や居住者の習慣の変化に結びつくかという問題についてはまだまだ努力の余地がある。また、環境的要求が建築に表現される新しい文化的価値や自然観にどのように結びつくかについても多くの議論があるだろう。

　こうした視点から、エコロジーがどの程度、建築デザインに直接関わる効果をもちうるかを研究することは有益である。そして、環境志向型の建築にどのような価値が現れてくるかを調べることも重要である。

〈建築体〉

　ドイツのアーバンエコロジー専門家は、環境志向型プロジェクトが効果をあげることのできる五つの領域――エネルギー、水、原料、廃棄物、植生――に注意を促している。以下、これらのテーマに沿って説明していこう。

●エネルギー

　過去一〇〇年間を通じて人間のエネルギー消費量はおびただしく増加し、地球的・地域的・局所的な環境問題を引き起こしている。そして、同時期に二酸化炭素の排出量は数千倍に増加した。地球気候に関する国連の調査団は、二酸化炭素の増加が温室効果の主な原因だとしている。また、酸性雨は森林やその他の自然を損なっており、都市における大気汚染はそこに暮らす人々の健康問題を引き起こしていると報告している。

　国連環境開発会議は、工業国が今後四〇～五〇年の間にエネルギー消費量を半分に減らすことを推奨している。

　デンマーク国立建築研究所の専門家によれば、総エネルギー消費の半分が建物の建設と運用によって消費されており、（原註2）それを考えると、この行動計画は建築方面に大きな要求を課している。建設における環境への取り組みは、省エネルギーあるいは代替エネルギーへの転換という形をとるだろう。

省エネルギー――一九七二年の石油危機以来、エネルギーをより有効に利用するために多くの手段が採用されてきた。効率のよい発電所で電力を生産し、セントラルヒーティング（とくに、低温でのセントラルヒーティング）で電気回路における熱損失を削減し、建物をゾーンに分け、熱変換器によって廃熱の再利用が可能にな

図 7.1：太陽エネルギー：シュトゥッドガルト（Stuttgart）近郊、ハイソーラー研究所（Hysolar Institute）での太陽電池に関する実験。ドイツ人専門家は、太陽電池パネルが将来的に有望であることを予言している。ソーラーパネルはファサードの部材としてデザインが可能で、建築における潜在的インパクトは計り知れないものがある。（設計：ベーニッシュ＆パートナー）

った。しかし、なんといっても劇的な発展を遂げているのは建物の断熱材である。伝導によって熱は遅かれ早かれ周囲へ流出するが、効果的な建築断熱材は、これを可能なかぎり遅くすることができるのだ。

デンマークでは、この分野における多くの専門技術が蓄積されている。他国のアーバンエコロジープロジェクトにおいて、北欧の断熱基準はしばしば模範的な例として引き合いに出されている。しかし、前章で述べたように、アーバンエコロジカルな建築は既存の建築への代替案を示すという願望のもとにつくられることが多い。ここに往々にして見られるのは、そのようなアーバンエコロジーの主唱者が代替的な方法に熱心なあまり、既存の技術から目をそらす傾向だ。その結果、アーバンエコロジーにとって必要とされるところで、断熱材がほとんど見られないということが起きてしまう。(原註3)

一例を挙げると、ノルウェーにある「循環の家」を意味する「クレッツルプス・フーセット(**Kretsløps-huset**)」と呼ばれる住宅では、建築家は多種類の材料を新しい建築部材として試用し、新しい建設方法を開発した。しかし、不運にもこれは断熱性を犠牲にして行われたようだ。代替的解決案の探求のために一般的な道理と良き建築習慣は脇に置かれ、環境的には悲惨な結果に終わった。この「エコロジー住宅」の暖房エネルギー消費は一平方メートル当たり年間約二四五キロワット時で、ノルウェーの典型的な戸建て住宅より約一〇〇キロワット時も多かったのだ。(原註4)

代替エネルギー——アーバンエコロジーのプロジェクトにおける達成目標は、石油、石炭、天然ガスといったいわゆる化石燃料に代わる太陽エネルギーや風力、地熱といった再生可能で無公害なエネルギー源を探しだすことだ。藁や木のような二酸化炭素を排出するものの、バイオ燃料が燃されたときに発生する二酸化炭素は、植物が生長する過程で消費される二酸化炭素の量に相当するという根拠で受け入れられているエネルギー源もある。

伝統的なエネルギー供給源の代替としては、パッシブソーラーがもっとも頻繁に利用されている。多くの都市再生プロジェクトで、パッシブソーラーにより太陽熱を活用するためにガラスの増築部を設けたり、既存のバルコニーをガラスの囲いで覆ったりしている。コンピュータによる試算では、これによりエネルギー消費量を半分に減らすことができるとされているが、前にも述べたように、実際には期待されたエネルギー節約にしばしば失敗しているのが現状である。

図 7. 2：常識を見失う：ノルウェー、クレッツルプス・フーセット（Kretsløpshus）。一般的な建築の技術水準を犠牲にして、新しい建設方法と代替的材料が実験された。（設計：ガイア・リスタ／ロルフ・ヤコブセン）

図 7. 3：的はずれ：コペンハーゲンのこの建物では、住民がバルコニーのパッシブソーラーを「誤用」したため、エネルギー消費の総量は増してしまった。

　つまり、居住者がガラスで囲われたパティオをいつも設計者の意図通りに使うとはかぎらないため、逆にエネルギー消費が増加することがあるのだ。また、ガラスの増築部分がほとんど一日中、植物や近隣の建物の陰にあることから、期待される省エネルギー効果が得られない場合もある。極端な例を挙げると、パッシブソーラーのパティオが建物の北側に設けられたところすらある。場所の状況や特定の敷地条件とまったく無関係に技術的・建築的な解決方法が用いられることはあまりにも多い。そうした場合、優れた意図であっても結果の伴わないものになってしまう。

　したがって、資源の経済性という視点からは、ガラスの囲いの価値に大きな疑問が呈せられることになる。しかし、ガラスの増築部分はいくつかの点においてその建物での生活の質を確かに向上させる。たとえば、居住スペースの増加、住居内の空間体験の質の向上、そして外部とのより直接的な接点がつくられることなどである。ガラスで囲われたパティオは境界のない広がった空間となることから外部空間と建築の内部空間が連続する新しい空間体験が得られる。ここでは、外部と内部の新しい関係がつくりだされ、〈空間〉の美学に特徴的な、厳密に範囲が定められた空間は解体されている。

　ガラスの増築部分はこのように、内部と外部、文化と芸術の間の境界線が明確に定義される古典的な建築形態からの脱却を目指すモダニズムの論理的延長上にある。ガラスの増築やパティオは、〈インタフェース〉の美学に従ったダイナミックな空間体験を生みだし、二〇世紀の建築美学の流れの延長に位置するがゆえに、環境的には効果が疑わしいことがあるという事実にもかかわらず、非常に評判のよいものになったのである。

●水

スカンジナビア諸国では、これまで質の高い飲料水が十分に供給されてきた。しかし、これが将来にわたっても継続できるかどうかは確かではない。第一に、二〇世紀における水の消費の継続的増加は、国土のさまざまな場所で地下水面の下降という結果をもたらした。第二に、埋蔵地下水は、硝酸塩、農薬、そして農業、廃棄物処理施設、工場からの科学物質を含んだ廃水によって汚染されてしまった。

地下水面の下降は、水源、湖、湿地帯の乾燥を引き起こした。これは動植物の成育条件が損なわれていくことにつながるし、さらに長期的には、汚染された地下水が人間の健康に深刻な脅威を与えることさえある。そして今日、地下水のなかに見いだされる複数の農薬は、ガンや精子の劣化と関係があることが突き止められている。

デンマークでは、公共の被圧井戸[1]から得られる水の六一パーセントを一般世帯が消費している。これだけを見ても、水に関する環境的取り組みは住宅地を対象としなければならないことが分かる。この領域の取り組みは、純飲料用水の消費量の削減を中心に据えたものである。一部は節水や飲料水に代わるものを利用することであり、ほかには、下降する地下水位を相殺するために、雨水を直接その場所で地下水に落とすということも行われている。その初期の成果はすでに現れ、大きな効果を上げることが明らかになった。一九九二年から一九九三年だけで、一般家庭における水の消費量が一人当たり一日一七三リットルから一六三リットルに減少したのだ[原註5]。

（1）水脈まで掘り下げて水圧によって自噴させる井戸。

図 7. 4：建築における水：水の姿と音は、1000年以上にわたって建築の要素であった。今日、アーバンエコロジーにおいて水は再発見されている。写真はアムステルダムのING銀行（設計：トン・アルバーツ）

節水——節水ゴマや節水型水洗トイレ、吸引式トイレ、小便器などの技術的な手段によって劇的な節水が達成できる。専門家は、このような方法で各家庭での消費水量を三〇パーセント減らすことができると概算している。しかし、『ナチュラルハウスブック（The Natural House Book）』の著者であるイギリス人建築家のデビッド・ピアソンは、「唯一価値のあるシャワーヘッドは、あなたの両耳の間のヘッド（頭）だけだ[原註6]」と注意を促している。つまり、ピアソンは居住者の習慣と消費パターンの変化が直接的に水の節約に結びつくというのだ。

そのような取り組みの一環として、経済的な動機づけも有効だろう。水道料金の値上げと消費水量の個人別メーターの併用は、私たちが水道を流しっぱなしにする前に一度立ち止まって考え直させる効果があるかもしれない。

これ以外にも、それほど一般的ではないがもっと面白い方法がある。タストルップ（Tåstrup）の集合住宅では、住宅組合が節水コンペティションを行った。その内容はというと、消費水量をもっとも減らすことができた家庭を映画や週末旅行に招待するというものだった。いくつかの技術的手段と情報を居住者に与えてコンペティションを行った結果、消費水量は四〇パーセントも削減された。

飲料水の代替——純粋な飲料水の消費量を削減する別の方法は、「リサイクルされた」水、つまり雨水や浄化した廃水で代用することだ。建物の屋根から集められた雨水がその典型的なもので、貯水タンクに運ばれたあとに、庭の水まき、洗濯、トイレ、洗車などに使われる。そして、その廃水は、住宅地で再利用される前にルートゾーン[2]やほかの「グリーンな」廃水処理法[3]で浄化される。

廃水の分散処理は、デンマークではしばしば批判の的になる。これは、デンマーク社会が廃水を集中処理する汚水処理施設に多くの投資をしてきた経緯があるからだ。合理的、経済的な観点から考えれば、この批判には十分な根拠がある。しかし、非集中的な処理施設はまったく異なる前提で設置されている。広域からの廃水が混入しない、その地域に限定された水循環システムと居住者が監視できるような小規模な施設を造ろうというものなのだ。つまり、水の循環の様子を体験できたり、自分の生活の結果を見守ることがプラスの価値をもってとらえられているのだ。人間が自らの主人となった二〇世紀の個人は、自身の創造したもの――人生――を概観する能力をもちたいと望んでいる。それゆえ、質的な発展を目的とするアーバンエコロジーのプロジェクトは、数値的な結果に偏った分析だけでは評価することができないのだ。

雨水の浸透――大都市では、土地の三分の二はアスファルトか舗装で覆われている。となると、雨水は下水に流れ込んで排出されることになる。これは地域の地下水にとってはありがたくないことで、浄水場と下水システムに過剰な負担をかけて、激しい豪雨のときにはそれらを溢れさせてしまうことになる。

屋外で雨水を地下水に浸透させるようにすることで、直接的にこれらの問題を改善することができる。ただし、この方法では該当する地域の舗装の選択に特別な配慮が必要となる。そのためには、素材ごとに舗装からどの程度の雨水が流出するかを示す排水係数に精通しておく必要がある。たとえば、アスファルトは1.0、石畳やタイルは0.8、砂利は0.6、芝生なら0～0.1である。

図7.5：「グリーンな」汚水処理：ベルリン、ブロック6のよく知られた「ルートゾーン」。材料やディテールは既存の汚水処理施設を思わせる（上）。対照的に、ウィーン近郊の集合住宅ゲルトナーホフ（Gärtnerhof）の例（中）は、中水処理が美しいものになりうることを示している。写真下は「生きた機械」。共同洗濯場の水槽にはコイがおり、廃水中の有機物を消費してくれる。

環境に関する議論においては、水質は「有害物質を含まない十分な量の飲料水」という観点で語られている。つまり、水は量の観点からとらえられており、水の経験的な質は度外視されているわけだ。水は、蛇口と排水溝の間を移動する物質の流れに還元されてしまい、雰囲気のある水音、水面に反射する光、湿気のおだやかな香りというものが忘れられている。水循環に目を向けたプロジェクトでは、これらの質を取り戻すことも課題となる。

●材料

建築材料については、その環境的な影響、つまり資源消費が私たちの周辺環境——周囲の自然——に与える影響に対して取り組むことができる。また一方では、室内環境に用いられる原料が人間の健康——私たちの内的な自然——に与える影響に取り組むことができる。

材料の環境的影響——現在、原料が「揺りかごから墓場まで」の間に発生させる環境負荷、つまり原材料として抽出された時点から、精製、使用、維持、そして最終的に廃棄、またはさらなる利用のためにリサイクルされるときまでに、環境に与える負荷を予測するライフサイクル分析が盛んである。こうした分析において現時点までに証明されている事実は、環境負荷の圧倒的な大部分が建物の運用段階で発生しているということだ。デンマークの一般的な集合住宅では、総エネルギー消費量の九四パーセントが運用段階におけるものであるため(原註7)、ここでの環境への取り組みが大きな効果を上げる可能性がある。そして、繰り返して言うが、環境的効果を上げるための決定的要因が居住者の振る舞いにあることをこれは示している。

建設関連の研究機関では、建物が環境に与える総合的な影響を評価できるソフトウェアがつくられている。このような方法を使って、将来のプランナーはさまざまなプロジェクト案の環境的影響を概観できるようになる。コンピュータによって、特定の建物タイプ、建設方法、ディテール、材料などがライフサイクルにおいて最適と分かれば、エコロジカルな努力は建築デザインにも影響を与えるようになってくる。しかしそれゆえ、コンピュータによる合理性を根拠とするエコロジカルな努力が、第二次世界大戦後に単調で荒涼とし

（2）植物の根が張った土壌を通すことで汚水を浄化する仕組み。

（3）ルートゾーンの他にも、バクテリアやプランクトンによって有機物を分解するバイオ・プラントなどの方法がある。（図7・5参照）

図 7. 6：土による建築物：スヴェーレ・フェーン設計の土で造られた別荘。視覚的にも好もしく、豊かな体験を提供する建物である。ただし、土で仕上げられた外壁は庇がないために傷んでいる。デザインするにあたっては、常に材料の特質を考えなければならない。

たシステム建築が造られたのと同じ結果につながる危険もある。つまり、コンピュータ支援を創造的なプロセスより上位に置いてはならないのだ。

材料の室内環境への影響――ある統計によれば、工業化社会に生きる私たちは平均して人生の九〇パーセントの時間を室内で過ごしているという。そのため、私たちの健康に関わる室内環境への関心が高まっている。ノルウェーやドイツのような国々では、「建築生物学」[4]と呼ばれる学問の観点から見た室内環境問題への対応が、研究機関だけでなく建設業界でも考慮されはじめている。

建築生物学者は、住宅を「第三の皮膚」と呼ぶ。人体は外部の影響から身を守る三重の膜をもつと考えられている。もっとも内側の皮膚、中間の衣服、そしてもっとも外側の住宅である。三つの膜は生きている皮膚と同じ基準で考えられているため、住宅の外皮は呼吸ができなければならないのだ。

建築生物学者の考える建築形態は、湿気対策がされた高気密の建物を造ることが主眼の現代の建設技術とは対立するものである。彼らによれば、健康な住宅の条件というのは通気性のよい材料を使っ

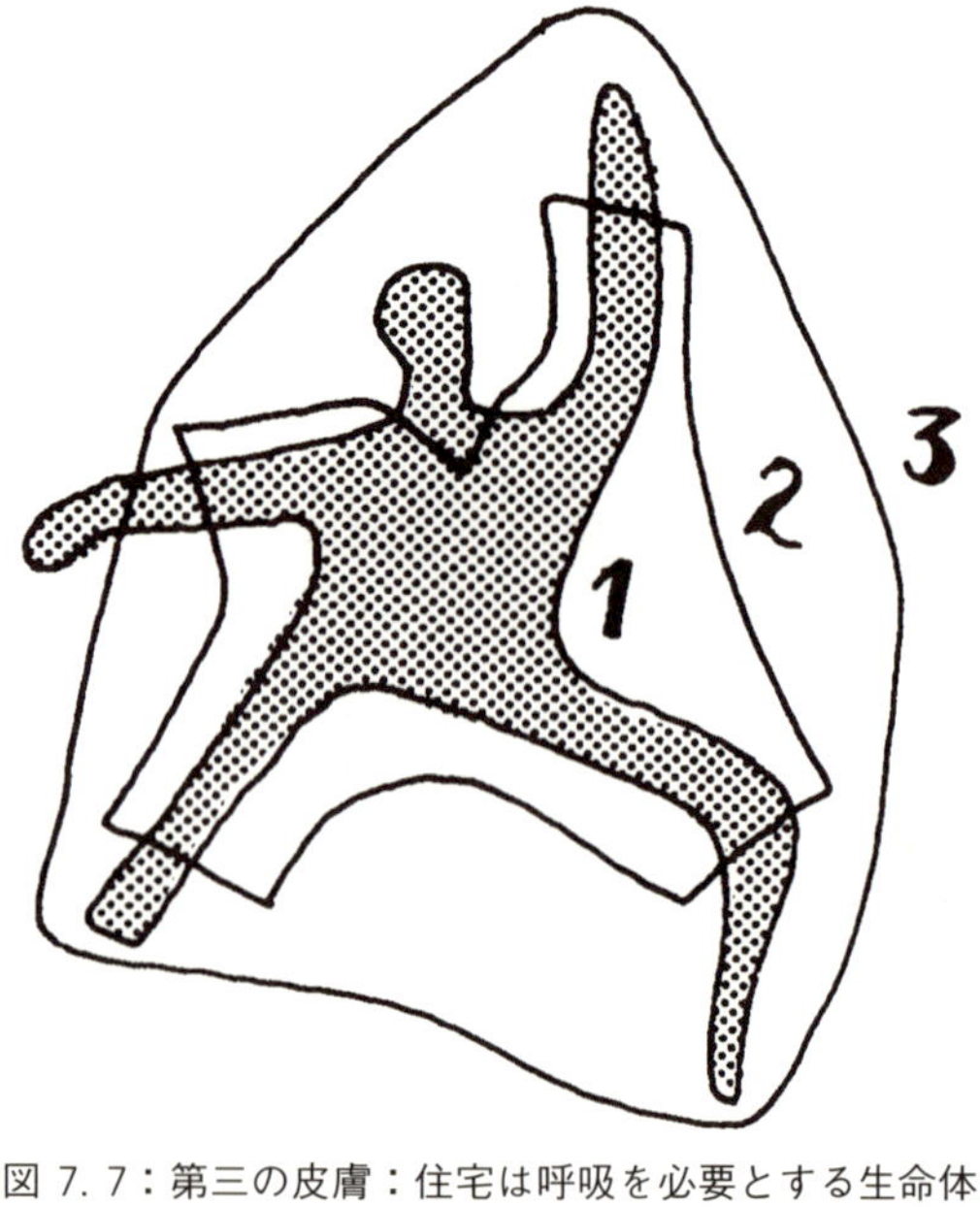

図 7. 7：第三の皮膚：住宅は呼吸を必要とする生命体としてとらえられている。ビョーン・ベルゲ『最後のシックハウス（De siste syke hus）』

た構法と仕上げなのである。

「第三の皮膚」としての住宅は、本書でこれまで概観した二〇世紀デザインの潮流と並ぶものと見ることができる。芸術家が前景と背景、主体と客体の間の距離を溶解させたように、建築生物学者も人と建物の境界を溶解させる。住宅は動かない背景として見なされることはない。それは息づきはじめ、印象派の絵のように主体としての人間と客体としての住宅の距離は縮まっている。住宅は生命を獲得し、私たちの第三の皮膚となるのだ。

●廃棄物

考古学的発掘によって、石器時代の集落跡から貝塚が発見されている。これは、人間が常にその足跡を廃棄物や汚染といった形で自然界に残してきたことを証明している。現代のゴミが環境問題を引き起こしているという事実に特別新しいことは何もない。古代イタリアでは、蓄積された大量のゴミのために一つの都市社会全体が移動せざるを得なかったことさえある。しかし、地球規模で自然の秩序が乱される脅威が生じるようなレベルまで環境問題が深刻化したことは私たちの時代以前にはなかった。

環境問題が急激に重大性を帯びたのは、人口とともに生産量と一人当たりの資源消費量が急増した工業化の時代である。それまでは、環境問題が起きれば人々はそこから移動した。しかし、工業化の時代には

（4）環境を有機体ととらえて、居住者にとって健康な屋内環境をつくる方法を考える学問。ドイツで「Baubiologie」として誕生した。

汚染をよそに移動させるようになってしまった。ドイツの建築家で都市計画家のエクハルト・ハーンは、これを「高い煙突原理（the tall smokestack's principle）」と呼んでいる。

ゴミの運搬、下水道網、高い煙突の助けを借りて、私たちはゴミやそのほかの環境汚染物質のほとんどを周囲に運びだしている。しかし今日、環境問題は全世界的な規模において重大性を帯びている。これ以上高い煙突を造ったり、遠隔地に廃棄物をため込んだりすることで問題を解決することは許されない。今日、たとえ世界の最果てであっても、多かれ少なかれ環境問題の影響を受けている。そして、大気、海洋、そしてその他の環境は、これ以上はとても耐えられないところまできているのだ。

環境危機は、西洋文明の枠組みと、それが自然に浸透した結果だと見なすことができる。私たちは環境問題を現前の〈場所〉から、目に見えないずっと遠くの〈空間〉へ移動させようと試みてきた。しかし、環境問題が世界的に拡散する様相を呈するなかで、私たちはこれ以上、問題を自分自身から遠く離れたところへ移すことはできない。それがどこであれ、問題が起きたその場所で処理していかなければならないのだ。

デンマークでは、一人の人間が平均して八六〇キロのゴミを毎年生み出している。そのうち三七五キロが家庭ゴミである。そこで、深刻な問題となっているのはそのゴミを捨てる場所だ。これら膨大な量のゴミが、ほかの環境問題に与える影響は大きくなっている。たとえば、ゴミからしみ出てくる水分は必ず将来において地下水の汚染につながる。そして、ゴミの焼却は燃え殻に重金属やダイオキシンを残し、空気中にそれを放出することになってしまう。

したがって、建設分野での環境への取り組みは、ゴミをどう処理するかという問題を扱わなければなら

図 7. 8：排出源での分別：家庭ゴミの分別のための機器が、住宅地にうまくつくり込まれた例。

図 7. 9：ゴミのサイクル：ドイツではゴミは「Wertstoff（価値のあるもの）」と呼ばれている。ゴミは終着点ではなく、新しい材料をつくりだす素である。

ない。しかし、家庭のゴミ排出量のほとんどは居住者の習慣と住み方によって決まるため、この部分ではいかに建築家が苦心してもたいした環境的な効果はない。さらに、環境効果の程度は地域のゴミ処理システムによって決まるため、建築家の役割は、できるかぎり快適で整然とゴミの排出源での分別ができるようなキッチンや外部空間をデザインすることにかぎられてくる。

補助的な努力として、ゴミの堆肥化を広めることもできる。コンポストで生ゴミは表土化でき、居住者が望めば鶏の餌にもできる。その鶏は、次は卵という形で栄養を食べ物に変えてくれるのだ。

多くのアーバンエコロジーのプロジェクトにおいて、この種の取り組みが地域の子どもたちに対してもつ教育的効果が強調されてきた。とはいえ、居住者のなかには動物が不快であったり、都市にまったくそぐわないと思う人もいるかもしれない。環境への取り組みは、実際の居住者の希望に合致していなければならないのだ。

伝統的な住宅建築では、廃棄物は暗い倉庫や裏庭に隠されていた。作家のジェームズ・カースは、その心理を次のように説明している。

「私たちが自分の出したゴミのなかに立つとき、それを自ら生み出すことを選んだことを意識する。そして、ゴミを出さないこともできたと知らされる。ゴミはそれを暴くから、私たちはそれを取り除いて、自分たちが目にしなくてすむ場所にもっていくのだ(原註8)」

前章で述べたように、草の根運動は既成社会の真実を暴こうとするものである。したがって、アーバンエコロジーのプロジェクトでは、固体でも液体でも、ゴミが目に見えるように置かれていても驚くにはあたらない。ゴミは隠れた場所から取り出されて、良くも悪くも、居住者の選択が白日のもとにさらされるのだ。

●植栽

一九世紀の中ごろ、人々は都市のなかに自然の要素を引き込むことに関心をもっていた。広い並木道は都市の肺として機能し、密集した都市と汚染された居住地区に新鮮な空気を取り入れるべく造くられた。都市の植栽をより広範な視点でとらえると、今日においては、よく似た考え方をアーバンエコロジーのなかに見ることができる。

植物の健康面に対する効果だけがもはや重要なのではない。今は、動植物が都市にもたらす経験的な質にも関心があるのだ。今日、土地に根づいた植物を利用し、生物の多様性を考えて外部空間を計画することに重点が置かれている。緑化は、昆虫や鳥、その他の動物にとってよい生息環境を生み出すためでもあるのだ。

しかし、アーバンエコロジーにおける植栽は、しばしばそれほど質的でない要素によって正当化されている。というのは、建物ファサードの植栽や日射を遮る植物の断熱効果に注目して、住宅地の局所的気候に与える植栽の積極的効果が強調されているのだ。たとえば、植物は空気を浄化して酸素を供給する、空気中の埃を捕獲する、外部空間の風速を弱める、空気中の湿度を上げるといった効果だ。

ドイツの建築コンペでは、しばしば建築の屋根面をある程度緑化することが必要条件として明記されている。これはまさに、植栽が局所的気候に対してもつ効果に依拠したものだ。建築構法を専門とするドイツのゲルノート・ミンケ教授は、二・五平方メートルの屋上緑化が一人の人間が消費するのと同量の酸素を発散すると指摘している。それに対して一本のブナの木は、八〇〇もの住戸から出る二酸化炭素を吸収することができるのだ。にもかかわらず、ブナの木も並木道も、アーバンエコロジーのボキャブラリーには取り入れられてこなかった。

いうなれば、草で覆われた屋根がアーバンエコロジーで用いられているのは、空気をきれいにして局所的な気候をよくするためだけではないのだ。それと同じくらい重要なのが、アーバンエコロジーが表現したいイメージなのだ。緑化は環境の物質的な改善のためにあるだけでなく、自然が都市に入り込むことを、そして価値観が変化していることを表現していると考えることができる。つまり、屋根面やファサードの緑化は、建物のコンセプチュアルな基盤の変化が進行中であることの表現なのだ。

図7.10：ファサード緑化の視覚的効果：ファサードの植栽は建築に素晴らしい視覚的効果を加えることができる。写真は、ベルリンの集合住宅の共用廊下に付けられたスクリーンの例。（設計：オットー・シュタイドレ）

〈建築概念〉

アーバンエコロジーに関する文献では、消費資源の削減のような環境目標に直接つながる考え方以外のものに重点が置かれていることが多い。たとえば、住宅建築の設計とつくり込みに居住者を巻き込み、積極的な役割を果たすようにすることが強調される。そして、時間のサイクルの経験、プロセス志向の住居、固有の場所（ゲニウス・ロキ）と自然に焦点があてられるのだ。以下の節では、こうした考え方がどのようにアーバンエコロジーと関わっているかに目を向けてみる。

●住民参加と個人の自由

非常に多くの事例で、積極的な住民参加がアーバンエコロジカルな視点への転換に必須なものとして挙げられている。ドイツにおけるアーバンエコロジーの指導的人物の一人である建築家のマルグリット・ケネディは、遅かれ早かれエコロジカルなアプローチが建物内部での生活という社会的側面に対する居住者の関心につながると言う[原註9]。

しかし、厳密に環境的な視点からは、アーバンエコロジーは都市が材料サイクルに与える負荷を最小限にすることに主たる目標があり、社会的側面と関係があることは自明というわけではない。ベルリンでアーバンエコロジーのプロジェクトに関わってきた技術者や建築家は、エコロジカルな技術の成否が多くの場合、居住者の積極的な態度と維持管理に依存しており、それがよく組織された住宅建築でこれらの技術

図 7.11：受動性：ベルリンの住宅につけられた装飾。私たちは、自らがその一部であるようなリアリティに注目しなければならない。

がもっともよく機能することを強調している。しかし、だからといって環境志向型の都市再開発には居住者が参加しなければならないと直ちに主張できるわけではない。なぜなら、居住者を巻き込む必要のないほかの技術を、建設段階において適用することに主眼を置くこともできるからだ。

　もっとも、住宅のつくり込みへの積極的な住民参加は、二〇世紀的な、科学的世界観によって育まれた受動性や距離との決別から必然的に導かれるものだと見ることができる。科学的世界観のもとでは、人間は周囲を取り巻く環境のなかの事象から距離を置いて立つことになる。つまり、人間は受動的な状態におり、これは私たちが日々の出来事をテレビのブラウン管を流れるニュース映像で眺めるのと似ているかもしれない。ついつい、自分が出来事から切り離されていると感じ、その働きの一部であることを簡単に忘れてしまう。

　距離を置いた受動的な観察者は、絵画の作用から離れた中心投影図法の主体と似ている。知覚者は活動の外部に置き去りにされ、多くの小さな接点でしか環境危機と結びつけられない息苦しく無気力な状態に陥る。ロシアの作家であるマクシム・ゴーリキーは、西洋における生産の原動力と環境破壊が実は日々の退屈の帰結であることを述べた。彼によれば、私たちは消費と制御不能な成長によって退屈を埋め合わせているのだ。

これは、デンマークの作家トム・クリステンセンが、『ヘイボック（Havoc ― 「大破壊」という意味）』という小説で、主人公ステファン（Steffan）に「私は最後の天災を待ち望んできた。大災害と非業の死を」[原註10]と語らせたのと同じである。

居住地域の計画と建設への積極的な住民参加は、居住者が自身の存在の主となり、受動性、無力感、そしてその結果としての退屈から自由になる試みと見なすことができる。すでに二〇世紀初頭には、モダニズムの建築家と抽象芸術家は同様の理想のもとに仕事をしていた。そこには、自由で民主的な社会が理想としてあった。そして、意味を生み出す力としての神はもう存在せず、個人は自由になっていた。個人は、自由に自分自身にとってのリアリティを創造できる、自分自身の創造者となったのだ。

前にも触れたように、デザインに関していえばその意図は部分的に実現したにすぎない。というのも、芸術と建築ともに、ごく一部の目利きだけが理解できる抽象的なレベルでそれを示したからだ。第二次世界大戦終結後には、多くの芸術家や建築家がより明確で具体的な形でその理想を日常世界に示すことに努力を向けた。そこでは、経験する者としての知覚者は積極的に芸術的創作活動の源に引き寄せられた。

例を挙げるなら、一九八五年にロスキレで開かれたフルクサス・フェスティバル[5]での、デンマークのフルクサス芸術家であるエリック・アンダーセンのインスタレーションがある。彼は、「人々の力による彫刻」と書いた看板を立てた、コンクリートブロックの大きな山を街の広場に置いた。そのアイデアは、通

（5）フルクサス　ハプニングやイベントといった現代美術に刺激されて興った活動のひとつ。芸術家たちは、作品よりも芸術家の行動、個人差、思想に力点をおいた。

図 7.12：『人々の力による彫刻（People-powered Sculpture）』：エリック・アンダーセンのインスタレーション、1985年。この作品は、鑑賞者との相互作用によって徐々に発展する。

りがかりの人々がブロックを持って、ロスキレの街のほかの場所に置くというものだ。それにより、ブロックは市民の活動を表すものとして街中を動き回ることになる。つまり、芸術表現と現実が一つに結び合わされたのだ。

同じ潮流は、建築においてはセルフビルド[6]の建物や住民が建設計画に積極的な主体として参加した建物に現れた。個人個人が、自分自身の周辺環境、住居、そして生活をつくり出したのだ。ヨーゼフ・ボイス（第5章参照）が指摘したように、人間は自分自身の芸術家となったのだ。人間は物事の積極的参加者として呼び戻され、イメージと描かれたものの間の距離は消失した。つまり、プロセスに居住者を含めることは〈空間〉の距離創出的な世界理解と決別するモダニズムの主張と見なすことができる。環境配慮型の文化の発展のためにはこのような決別は前提条件であり、居住者をプロセスに含めることはアーバンエコロジーの取り組みに必要不可欠なことである。

しかし、モダニズムの理想は確かに逆説を含んでいる。モダニズムの芸術家が〈無距離〉の直接的感覚を回復したかったにもかかわらず、それでもなお、彼らは自由という理想のうえに未来への信仰を打ち立てた。そして、自由は距離のおかげで獲得されるのだ。

「世界で何者も愛さず、何者も憎まず、何も望まない人間、その人間だけが束縛も恐れもない[原註11]」と、デンマークのノーベル賞作家であるヘンリク・ポントピダンは、二〇世紀初めに書いた小説『リュッケ・ペア（Lykke-Per――幸運なペーターという意味）』のなかで、自由への絶え間ない探索を続ける同名の主人公に語らせている。彼は、自らのルーツから解放されなければならない。感覚は対象との近接性に依存するが、自由は距離によって獲得されるのだ。

自由は、周囲から独立した個人によって達成される。そして、自由への強い意思は、環境から距離を置いて立つことによって特徴づけられる科学的世界観と結びついている。自然を理解するための自然科学の努力の要として、人間は自然から自由になり、肉体的な死を免れないものとしての実存を放棄した。自由への探求のなかでリュッケ・ペアがそのルーツから自由になりたかったように、科学的人間は自然とのつながりからの解放を求めてきたのである。

感覚経験が起きる場では、人は自分の運命に自らを委ねることになる。つまり、コントロールと全体像を失って自由を手放すことになる。主体と客体の間の距離は崩れ去り、人は周囲の環境とともにあるもの

（6）居住者自身で建設すること。

となって自然と一体化する。ゆえに、感覚経験では自然からの自由というものが錯覚であると感じるようになる。人は自分を自然の一部として経験し、そして最終的に、自然からの自由は自分自身から離れることでしかないと認めるのだ。

　これまでの西欧社会の特徴的な性格は、自然から距離を置くことで得られた自然に対する力とコントロールの上に築かれている。その結果、私たちの起源を拒絶し、自然におけるルーツを忘却することで近代社会はつくられたのだ。自然を再発見するとき、私たちは自然現象との関わりにおいては力も自由ももたないことを認めざるをえない。自然は、私たちの前提条件なのだ。だから、自然からの自由といっても、自分が腰掛けている木の枝をその幹から切り落とすようなものでしかないのだ。

　近代社会は個人の自由という理想の上に築かれているが、それが自然からの解放を意味するとき、その帰結は環境破壊となる。私たちは、自分たちが何ものにも支配されない、完全に独立した意志をもった個人としてのみ存在することができないことをはっきりと知る必要がある。本来、私たち自身が自然なのである。第2章で述べたように、自然は文化のもっとも根幹を構成するものだから、私たちは自らを文化的存在として自然の基盤から解放することはできない。完全な自由が幻想であることは分かっている。だから、私たちはその自由の概念を修正する必要に迫られているのだ。なぜなら、「何からの自由なのか？」を自分自身に問わなければならないからだ。

　現象学の二重のパースペクティブにおいて、モダニズムのパラドックスは解決されている。私たちは自然とともにある存在として、自分自身の知覚した経験を再考する。そこに現れてくるのは新しい意識の形態であり、私たちは、独立した主体としての自由が自らの自然としての存在によって制限されることを知っている。真の自由は社会の規範からの自由であって、自然の枠組みからの自由ではない。

私たちは自然に耳を傾けるべきであり、自然は私たちの生活の枠組みを形成するという考えに対して、それを「エコファシズム」だとする批判もある。しかし、それは大きな間違いである。そうした批判は、個人の周囲に枠をはめる、過去の理念の上に築かれた社会システムに対しては有効かもしれない。なぜなら、このようなシステムでは、権力が独裁的に自然の枠組みを定義するときにエコファシズムの問題が生じることになるからだ。しかし、個人が自分自身のリアリティ概念や理解の枠組みをつくるような世界観のもとでは自然に対する異なる視点を基盤にしたハイブリッドな文化が現れるはずだ。「すべての人が自分自身の芸術家である」時代には、持続可能な現実の創造は個々人の内部で起こることになる。大きな物語は沈黙し、多くの小さな物語に場所を譲るのだ。

●ゲニウス・ロキ——場所の固有の特徴

建築のアーバンエコロジーへの取り組みは、しばしば居住地域の特徴——ゲニウス・ロキ——の発見と結びついている。ドイツの建築理論家であるマルティン・ネデンスは、これについてもっとも早く記した一人である。彼は、一九八六年に次のように書いている。

「ゲニウス・ロキは、第一に場所の空間的なアイデンティティと関連する。これは、自然に本来的に備わっている価値と、それに対する人々の愛着を意味する。アイデンティティと帰属……これが環境意識における二つの鍵となるコンセプトである（原註12）」

図 7.13：場所への適応：ストックホルム近郊のアーバンエコロジープロジェクト「ウンダースティンスホイデン」（Understenshöjden）は、その場所固有の性質に合わせてデザインされている。建物は、美しい地形の上に柱で持ち上げられている。（設計：ベングト・ビーレン）

デンマーク国立建築研究所のオーレ・ミケル・イェンセンは、デンマークのエコロジカル建築に関する記事のなかで「アーバンエコロジーはある土地の固有な特徴（ゲニウス・ロキ）の一部をなす」と提起している。(原註13) ほかにも、アーバンエコロジーを風水のような東洋的概念と関連づける文筆家や建築家もいる。これらはすべて、特定で固有の場所の再発見という同じ方向性を指している。

「ゲニウス」とは、ラテン語で、「精神／守護者の精神」を意味する。(原註14) 「ロキ」もまたラテン語で、「場所に帰属するもの」という意味である。そして「ゲニウス・ロキ」は、「場所の精神」あるいは「地霊」という意味である。したがって、アーバンエコロジストのゲニウス・ロキに対する関心は、場所の新しい概念の表現と見なすことができる。そこでは現前の環境の質に再び焦点があてられ、科学的世界観のもとで行われた環境の物象化が精算されることになる。これは、環境に関する倫理的要求を啓発するための前提条件であり、そのために場所の顕著な特徴――ゲニウス・ロキ――の再発見はアーバンエコロジーの計画に不可欠なのである。

　五感による経験は、ネデンスがエコロジカルな文脈での鍵となる概念と見なす「アイデンティティ」啓発の基本である。一九七九年に出版された『ゲニウス・ロキ』で、ノルウェーの建築学者であるクリスチャン・ノルベルグ＝シュルツはゲニウス・ロキの概念を提唱し、個人のアイデンティティの危機と場所の喪失とを結びつけている。また、『Between Earth and Sky（大地と空の間）』では、「このように私たちが自分自身を識別――アイデンティファイ――するとき、私たちは場所を参照する。個人的で特別な場所は、個人のアイデンティティの一部である……」(原註15)と書いている。ノルベルグ＝シュルツによれば、人間のアイデンティティは五感によって経験された、ほかとは異なる特徴的な場所にそのバックグラウンドをもつこととなる。つまり、「私たちは世界である」のと同じように「私たちは場所」なのである。

ノルベルグ＝シュルツの考えでは、環境危機は公害や人口過多といった物質的な問題にかぎられたものではない。環境危機は、主に人間が精神的な基盤を失ってしまったことにある。場所がこれほど重要になるのは、この基盤を回復する努力をするときである。それと関連して、「エコロジー」という言葉の本来の意味を再生させることも意義深いことになる。

デンマークの『マイヤーズ外国語辞典（Ludvig Meyers fremmedordbog）』では、エコロジーは「居住地の研究」と定義されている。つまり、エコロジーは、私たちが根付く場所——起源——の研究なのである。本来、私たちは自然であり（起源「nascor」としての自然「nature」という意味において）、エコロジーの活動はつまり最終的には自然のなかに私たちの起源を再発見することに関わる。この考え方では、アーバンエコロジーの取り組みは、それ以前に何もなかったもっとも原始的なものを再び獲得するという、初期のモダニストたちの努力の理論的延長と見なすことができる。

しかし、自然界にルーツを再発見することで、文化的存在としての私たちが意味を失うようなことがあってはならない。また、固有の場所の再発見によって、前科学的世界観のような狭い視野の思考に私たちが連れ戻されることがあってもいけない。引き返すことは、遠い過去に向かって逃げ出すことだ。だが、私たちは、意識的な文化のうちに生きる自立した個人としてあるのだ。

その一方で、〈場所〉の再発見は〈インタフェース〉における新しい文化の発展につながる。〈インタフェース〉の二重のパースペクティブでは、直接経験は絶えず新しい理解の仕方に反映し続ける。そこに現れるのは、表層的な知的な発明ではない、それ以上の文化である。〈インタフェース〉は、具体的な印象と抽象的な表現との間に広がる「文化のワークショップ」なのだ。建築家が常に仕事をしてきたのは、〈場所〉と〈空間〉の間に広がる、この創造的な可能性に満ちた領域においてである。とはいえ、建築家はデザインの原則を理念的な〈空間〉の世界に求めることもできるし、固有の〈場所〉の直接的な質から見いだすこともできる。どちらを選ぶかは、時代によって決められる部分が大きい。

これまでに議論したように、モダニズムのイデオロギー的な出発点は、現前の環境が所与の形に従わなければならないという形式主義（フォルマリズム）の原則からの決別であった。モダニストは、モダニズムの原則のために闘っていた。なぜなら、デザインの形態は人間の直接の必要にその根拠を置くからだ。建築は、具体的現実から距離を置いたどこかに存在する理想形態の表現としてデザインされるべきではない。このため、モダニズムは〈空間〉の美学から断絶したのだ。

だが、モダニズムの理想の実現においては、初期のモダニストたちが人間の直接的なニーズと五感による経験を知性と対等に置いたのとは異なり、むしろ科学と合理性が中心に据えられた。システマティックな考え方と一般化された方法が適用されることで一人ひとりの個性は見落とされ、私たちがよく知っているように、その結果として果てしない単調なシステム建築の列が出現した。つまり、モダニズムの理想の実現は失敗したのだ。

しかし、今日、現前の環境に強く根ざした建築への関心の増大を見ることができる。ノルウェーのスヴェーレ・フェーンやフィンランドのレイマ・ピエティラといったスカンジナビアの建築家は、特定の敷地における自然の根源的経験に注目した建築の好例を造り上げてきた。

『ディポリ（Dipoli）』と名づけられたピエティラの建築について、ノルベルグ＝シュルツは次のように

図 7.14：ゲニウス・ロキ：レイマ・ピエティラ
「私は、自分のいる場所にあわせて建築空間を創る」Dipoli（フィンランド、エスポ（Esbo））

書いている。

その表現の拠り所は、建築家の心中よりも周辺環境である。……これにより、Dipoliはある種の「非建築」としてそこにあり、ファサードや支配的な内部空間のどちらももたない。すべてがそのほかのものに織り込まれ、どんな「ガラスの箱」よりも親密に内部空間と外部空間がお互いを引き立てあっている。使われた材料によっても調和は強調されており、建物全体を取り巻く重い石のブロックが、御影石の地面とのつながりを強固にし……窓枠の不規則な配置は周囲を取り巻く松林のリズムを再現する……。つくられた形態のあらゆるところに自然との連続性がある……。あたかも自然の隠れた力が明らかにされたがごとく、周囲の世界が目のなかに飛び込んでくる。Dipoliは、地球と人間の「結婚」の表現である……。この点において、この解決はオリジナルでもあり未完成でもある。したがって、古くもあり新しくもある。すでにある周囲の世界を、静止した形に固定することなく表現しているのだ。（原注16）

ここでレイマ・ピエティラは、個性的でエレガントな方法でコンクリートの詩を表現できることを明らかにした。光、リズム、雰囲気——自然——すべてが、場所にその本質を根ざした建築的な営みの基礎として役立っている。

過去一〇年間に、地域に根ざした建築に向けて、建築家がインターナショナル・スタイルから緩やかに分離してきたのと同じように、芸術の領域でも場所の固有の性質への関心が増している。ロバート・スミッソンの「nonsite」（非敷地）と題されたインスタレーションでは、その場所にある材料と土地の構造が表現されている。

このように最近の芸術では、作品が特定の空間や場所に関連づけられることが増えている。つまり、二〇世紀の芸術と建築は、抽象から具象へとシフトしており、場所の再発見はその変化の一つの表現と意思表示なのである。

図 7.15：時間のリズム：ストックホルム近郊の「Naturhuset」（自然の家）では、自然のサイクルが住宅の質の重要な一部である。（設計：ベングト・ワルネ）

●時間的な変化

スウェーデンの環境志向型建築の最前線に立つベテランであるベングト・ワルネは、エコロジカルな建築に必要不可欠な変数として「時間」を強調し、彼のプロジェクトや建築では、その仕様において季節の変化や自然のサイクルが居住地域で経験できるように配慮している。しかし、アーバンエコロジストが強調する時間は科学的に計測された時間のことではない。実際、時間には「機械的な時間」と「有機的な時間」の二種類の概念がある。機械的な時間は、古代ギリシャ人が「クロノス（kronos）」と呼んだ時間の概念に相当する、時計で計ることのできる時間だ。一方、有機的な時間は、ギリシャ人が「カイロス（kairos）」と呼んだリズミカルな時間の経験のことである。いうまでもなく、アーバンエコロジーの建築で復活したのは後者である。

機械的な時間は科学的世界に属する。これは時間の経過を年代順に計る方法で、一二八三年、ウェストミンスター宮殿の中庭に最初の公共の時計が設置されたときに布告されたものだ。機械的な時間は独立した点として現在という瞬間が存在し、そこから過去を振り返ったり未来を考えたりすることができる直線を想定している。機械的な時間は、時間を直線的な経過としてとらえる抽象概念で、根気よく前に向かって進み、具体的な現実のどんな経験からも独立していて影響を受けない。機械的な時間は、抽象的空間における年表なのである。

二〇世紀に起きた〈空間〉の偏った思考からの断絶と抽象から具象への移行は、有機的な時間への関心によって補完された。有機的な時間は計量できないし、一貫して進むわけではない。それは、脈打ち、リズミカルで、急激に動くものである。ケガをした子どもを連れて病院に急ぐときは騒々しく動き回り、秘密の恋人の腕のなかでうっとりとくつろぐときは、つかみ取ることもできない速さで過ぎ去ってしまう。有機的な時間は、機械的な時間と反対に、具体的な現実において経験する出来事から分離することはできない。それゆえ、アーバンエコロジーが目指す具体的な場所での直接経験の再生は、有機的な時間概念への関心と密接な関係があるのだ。

人間によってつくられた〈空間〉の時間概念では、人間は絶対的な存在である。人間が創造者であり、永遠で不滅である。しかし、時空間のホリスティックな知覚においては、人類は知覚された全体の一部であり、私たちは不滅の存在としての自身の限界を認めざるを得ない(原註17)。有機的な時間の回復は、感覚経験と場所の固有性の復権と一体である。

繰り返すことのない直線的な時間とは対照的に有機的な時間は周期的に振動し、すべての出来事は一つの永遠の循環のなかに溶け込んでいる。時間は生きており、完結した瞬間の集合ではない。過去は現在にも生きており、あらゆる瞬間は過去と現在と未来の混合した無限に膨大なイメージからつくり上げられている。

二〇世紀初頭にキュビスムの芸術が導入したのは、こちらの時間の概念である。時間の流れは、もう直線的でも編年的でもなかった。それは、過去と現在と未来の間を自由に飛び回るものだった。キュビストの描く絵画は複数の視点からの同時的観察からなっており、それによって直線的時間の流れの機械的知覚との決定的な断絶を表現したのだ。またその絵は、概観不能な総体性を五感によって感じさせるものだった。

同じような動きが建築でも進んでいた。モダニズムの建築家は、それまでの時代の規定的な空間のシークエンスをダイナミックな空間の経験に置き換える途上にいた。空間とそれを構成する面はお互いに絡み合い、建物を見る人の動きにつれて変化する。つまり、知覚者が実際に建物と出合って初めて建築的な質が生まれるのである。

アーバンエコロジーにおいては、有機的な時間は多様な新しい形を見せている。そして、季節の変化が感じられるゆっくりとしたリズミカルな時間が重視される。種類の異なる植物でつくられ、ファサードの植栽は一年を通して変化し、パッシブソーラーのテラスは冬には窓が閉じられて温室となり、室内にさまざまな変化を与えてくれる。スーパーマーケットの変化のない果物や野菜と比べて、キッチンガーデンでは季節ごとの収穫を経験できる。より小さな、人が概観できるくらいの規模の循環のなかに、自然の周期的プロセスが現れてくるのだ。

そこに現れるのは時間のリズミカルな面であ

図 7.16：絶え間ない変化：ファサード緑化は、ゆっくりとした時間のリズム――季節の変化と自然のプロセス――を体験させてくれる。

り、すべてが終わりなく繰り返される状況である。苔や蔦が生い茂った古い建物の断面が見えるとき、それは過去の文化が分解される途上にあることを見せている。そして、新しい成長や収穫が生まれる一方で、コンポストのなかでは住宅の有機ゴミが分解されている。すべてが輪のなかで永遠に動き続けていくのである。

●プロセス志向の住居

アーバンエコロジーの建築に有機的な時間の経験が取り入れられた表れとして、プロセス志向型の建築が挙げられる。著名なフィンランド人建築家であるユハニ・パッラスマーは、このことについて次のように着目している。

「エコロジカルな建築もまた、製品としてよりも、過程としての建築として見られるときが来るだろう(原註18)」

機械的で直線的な時間の理解のもとでは、「建物」は即座に入居できる製品として設計される。また、有機的で周期的な時間のとらえ方では、「住居」は継続する一連の「過程」としてつくられる。

近代的プラニングの作為性と発展への信奉は、直線的な時間概念に根をもつものである。ここでは時間は漸進的な運動と見なされ、絶え間なく前進する流れのなかで設計者は未来のどこかにある最終ゴールに目標を据えることになる。

目標とするのは完成した製品である。この流れのなかでは、私たちは過去に背を向ける。時間がいつか止まり、私たちが一か所に何の見通しもなく取り残されることがないように、私たちは次から次へと製品

図 7.17：現在のなかの過去：ベルリンのこの庭園では、歴史と過去の物語が現在の経験と統合されている。（コンセプト：ファルク・トリリッチ）

図 7.18：プロセス指向型デザイン：スウェーデン人芸術家のラース・ウィルクスは、この『Nimis（ラテン語で「過剰に」という意味）』と題された彫刻に何年にもわたって取り組んできた。海岸で見つけた流木だけを材料に使っており、最終的な形がどうなるか正確には分からない。彼の興味は最終的な芸術作品ではなく、創造の過程にあるのだ。

に追い立てられることになる。私たちが現在から離れるやいなやそれはもう戻ってこないし、現在から遠くのゴールを目指す動きによって西洋文明の生産性は生まれるのだ。将来のゴールを見越して、一瞬一瞬は慌ただしく終わらせられる。

　しかし、別の見方をすれば、一つ一つの瞬間は循環的な時間のなかに現れ、過去と現在は常に未来のなかに繰り返される。すべては繰り返しであり、未来に向かう動きはすべて過去への動きでもある。過去と現在と未来はほどけないように結びついており、私たちは自らの行動から逃げ出すことはできない。人は、歴史や伝統や新しい世代に対する責任を負っているのだ。

　過去と現在と未来が互いに結びつけ

られるとき、瞬間の終わりはすべての終わりを必然的に意味することになる。だが、有機的な時間においては、完成という形での最終ゴールは存在しない。今現在の瞬間を終わらせることではなく、むしろ果てしないプロセスのなかで続けていくことが目的である。

　過去と現在と未来がすべて一つになるところでは世界は継続的に変化し、現在が、遠い昔を起源とする変えることのできない結果とは見なされない世界観が生まれる。有機的な時間の経験のなかで世界は生きた有機体として現れ、その起源も常に明らかである。それは、個人の周囲の環境との出合いのなかにも、ランドスケープの構成にも、そして人間の心のなかのランドスケープにも現れる。つまり私たちは、自然が私たちの心のなかに軌跡を残すのと同時に自然を創造しているのだ。

　有機的な時間の経験のなかで、すべての瞬間は自然のサイクルとつながり、五感によって知覚されている。自然のルーツをよく認識している文化では、循環的な時間は住居というプロセスのなかに現れる。ドイツの哲学者であるマルティン・ハイデガーの言葉に、「人間であるということは、死を免れない存在として地球上にあることを意味する。それは住むということだ」(原註19)というのがある。住むこと、つまり生活が建物のなかで営まれることで住居は存在するようになる。それは、不断の変化のなかで進化する。これはデンマーク人夫婦のカーステン・ホフとスザンヌ・ウッシングの実験建築、とくに一九七〇年に開催したルイジアナ現代美術館での展示にも現れている。またこれは、前述したフライ・オットーとヘルマン・ケンデルによる「ウコハウス」などのエコロジカルな建築にも示されている。

　芸術の領域でも、完成品志向の芸術との対決があった。完成品志向型の芸術は、一九六〇年代にアンディー・ウォーホールが既製品をパロディ化したときにすでに総括されていた。そして、続く時代には、非

図 7.19：境界の希薄化：ハノーバーの都市外縁の住宅。建物はランドスケープと一体化する。（設計：ブークホフ＆レントロプ（Boockhof & Rentrop））

物質的形態をとるプロセス志向型芸術に地位を奪われた。先述したエリック・アンダーセンの『人びとの力による彫刻』はその好例である。

●生きた自然

一九世紀を通じて、都市におけるランドスケープ要素は、緑の広い並木街路（ブールバール）、広場、公園という形で突然現れた。都市の外部の自然に人の手が加えられ、文化的景観としての植物を都市の風景に取り入れることができるようになった。しかしこれは、都市が「自然」になったというわけではなく、むしろ自然がさらなる開拓のために服従させられたのだ。

このパラダイムは第二次世界大戦の終わりまで続き、アーバンエコロジーの取り組みがはじまるまで変わらなかった。アーバンエコロジストは「有機的に一体化した自然」を求めて努力し、文化によって洗練された印象を与えないように、むしろ意図的に

図 7.20：住まわれた自然：自由大学の庭園では、トロルや魔女、原始的な見かけのインスタレーションが顔を出す。自然は不思議をはらんでいる。

図 7.21：計画されたランダム性：旧東ドイツの郊外（写真上）では、自然のままの植物は雑草として都市の衰退のしるしとして見られる。トリリッチの庭園（写真下）では、彫刻や美しいディテールが背景にある意図を示している。

敷地の原始的自然をルーツとする文化を映し出すように土着の植物を外部空間に配置した。そして、拡大する郊外と田園都市によって都市とその後背地の境界が絶えず不明瞭になっていくのと同じように、ファサードと屋根面の植栽は建物とその周囲の境界をぼかすのである。自然と文化の間の明白な境界線は徐々に希薄になりつつある。

切り取られ、固定されて管理された自然は、変化を伴う生きた自然に置き換えられつつある。自然の形態は建築家によって決定されるものではない。植物の成長が「自然な形」で発見できるようにされているため、かすかな不揃いが目に見えるようになっている。アーバンエコロジーのプロジェクトにおける外部空間は非計画的な形態を意図しており、そこに新しい時代の空間概念を見ることができる。

「自然自身の形態」を探すということは、自然の意志を認めるということだ。これは、場所の自然をミステリアスで不可思議なものととらえたプロジェクトに見いだされる。こうしたプロジェクトは、建築家やプランナーがエコロジカルな目標を意図していなくても、「アーバンエコロジー」としばしば呼ばれている。ドイツのランドスケープ・アーキテクトであるファルク・トリリッチによる美しい庭園はそういうケースである。これらの庭園は、有史以前の精霊や魔法をかすかに宿している。

彼がベルリン自由大学（Freie Universität Berlin）周辺に設計した公園に見られる「野生の自然」のなかでは、トロル[7]のような彫刻が木の枝の間から突然飛び出してくる。この公園のなかを続けて歩いていくと、生きた存在に自分が囲まれていること、そして自然が「宿っている」ことを感じる。自然はもはや資

（7）北欧の伝承に登場する妖精の一種。

源としてしか価値のない、意思をもたない存在ではないのだ。自然は、それ自身に本来備わった価値をもっているという新しい見方がここにはある。

自然は新しい意味を与えられた。これは、動植物が多くあるほうがよいという信念に基づくアーバンエコロジーのプロジェクトに結びついている。ベルリン工科大学（Technische Universität Berlin）の生態学研究所に勤めるある生物学者は、トリリッチによる公園を見て、以前住んだことのある二つの住宅地のことを思ったという。ベルリンの壁崩壊以前、彼は東ドイツの郊外に住んでおり、そこではすべての植物が自生していた。池もイラクサの茂る水路もあり、外部空間は彼のアーバンエコロジーの理想とすっかり一致していたにもかかわらず、のちに植物がかなり少ない旧市街に引っ越したとき、そちらのほうがずっと気分がよかったことを彼は認めざるをえなかった。

この生物学者の話は、非意図的なものの背後にある意図が経験できることの重要性を示している。東ドイツ郊外の外部空間は、市当局が自生する植物を考慮して緑地帯を造ったわけではない。植物が繁茂するのは、むしろ居住者の快適に対する関心の欠如の現れだった。その外部空間は、郊外住宅地の貧弱さと衰退以外の何ものも表していなかったのだ。

都市に自生する自然の偶然性は、それ自身のうちに何らかの意図を含まなければならない。実際、自由大学の公園では、美しい素材や細かなディテールのような小さな手がかりが「狂気のなかの秩序」を表している。ここに、建築家の役割があるのだ。

〈建築美〉

●二〇世紀前半——抽象

抽象芸術とモダニズム建築は、科学的世界観がその限界に到達してしまったことから直接的に生まれたものである。西洋文化はその地平を、人がそれ以上、外在する自然に目標物を見いだせなくなるまでに拡大した。人間が自らを関係づけて見るものとしての自然が存在しなくなったことで、二元論的文化は意味を失った。文化と自然の境界は移動し、芸術家と建築家は、そのなかに新しい文化を発見できる可能性のある新しい自然——内在する自然——を探求した。これが、第二章で詳しく論じたように芸術の前に置かれた課題である。

また、これも先述したように、文化と自然の境界は環境危機と直接的な関連をもっている。なぜなら、今日、私たちが環境危機というとき、それは文化と自然の境界線が危機的な状況にあることを意味しているからだ。抽象芸術は、二〇世紀前半には近代建築との間に、そして後半には環境的取り組みとの間に密接な関係がある。これらはすべて、科学的パラダイムの根拠として供された自然が危機的状況にあるという事実を表している。

二〇世紀の抽象芸術と近代建築は、それ以前の自然を隔絶する理想像を拒否した。この観点からいえば、理論的出発点において自然との協調をもたらす文化への最初の一歩となった二〇世紀の芸術と建築を、私たちが今日切り捨てる理由はない。

しかし、前にも述べたように、芸術の新しい出発は二面性をもっていたため、原初的な基盤を回復するという明確なゴールが忘れられる結果に終わってしまった。感覚の働きの復権という望みは、逆説的に、もう一つの目標だった完全な自由とは反対の関係にあったからだ。こうしてモダニズムの理想は、現実世界には不十分にしか現れなかった。だから、二〇世紀デザインの理念を改めて評価する必要があるのだ。

二〇世紀初頭の芸術家たちは、直接感覚の働きを回復する努力の暗黙の一環として〈空間〉の生み出す距離を破壊しようとしていた。抽象芸術家は、概観可能性、秩序、そして調和といった古典的理想を精算しようとしていた。同様にモダニズムの建築家は、既成の美学や装飾と決別しようとしていた。また、抽象芸術家は、線遠近法による固定視点の世界から決別して空間と時間を別々の存在とは考えないイメージを創出した。そして、モダニズムの建築家は、あらかじめ決められた空間のシークエンスからなる建築を彼ら自身の建築によって破壊した。そこでは空間は、人間自身が空間を創造する行為によって観察者の目のなかに存在するものになる。近代のデザイナーは〈空間〉の美学を破壊したかったのである。

振り返ればわかるように、これらの努力はごく部分的に成功したにすぎない。そこには古典的美学の錯覚を暴きたいという、やむにやまれぬ衝動があった。そして、人々は目に見える現実の背後を見はじめ、その根拠となる概念を模索した。根源的理念の探求が進み、具体的な周辺環境に多大な注目があてられた。

二〇世紀の抽象芸術家は、ある時点まで依然として彼らが決別しようとした同じ世界観を出発点としていたということができる。つまり、周囲の環境から距離を置いたところにある理念をまだ求めていたのだ。重要なステップは、芸術家たちがその論理的帰結として、現実の世界を描くことを止めようとしたときに訪れた。理念そのものが、絵画の唯一のモチーフとなったときである。

人間は神への信仰を失った。知性の領域が宗教的宇宙にとってかわった。抽象的デザインは人々の内的な宇宙をその中心に置き、それは現前の環境からは分離されたものとして見なされ、描かれた。結果として、人間とその周辺環境、主体と客体との間の距離は広げられていった。これは、二〇世紀デザインの感覚行為の回復という理想とは正反対の方向である。なぜなら、感覚経験において人は〈空間〉の距離を投げ出し、具体的な〈場所〉に存在を求めなければならないからだ。

芸術と建築のかなりの部分はこうした展開に従い、その結果として共感的な洞察と理解にはわずかな可能性しか残されなかった。これについて、ユハニ・パッラスマーは次のように書いている。

「今日の芸術は、共感の喪失を表している……芸術家は、自分自身の状態と使命を、よそよそしい距離から観察するアウトサイダーになってしまった（原註20）」

デザイナーはアウトサイダーの立場を維持し、自分自身とその状態を距離を置いて冷めた眼で観察している。その距離によって、身体にも場所にも共感する機会が失われるのだ。

そうして出現したのは、明確な主張をもたない完全に個性を失った建築だった。芸術のためだけの理論がつくり出され、パッラスマーはこう結論しなければならなかった。

「芸術は世界に関するものである代わりに、芸術作品としてあるようだ。そして、建築は生活ではなく、建物に関するものに見える（原註21）」

図 7.22：絵画の背後にある現実：「これはパイプではない」とルネ・マグリットは絵に書き込んだ。たしかに、これはパイプではない。パイプの「絵」である。

〈空間〉の概念を精算したいという希望はあったが、〈場所〉の目覚めはまだはじまっていなかった。だから、そこに出現したのはナルシスティックな文化だった。そこで人は、自分自身と自分が創造した空間を、具体的な周辺環境に心を傾けることも、環境の経験を反映させることもまったくなしに眺めていた。自然にルーツをもたない文化の発展に努め、固有の基盤からさらに遠ざかってより極端な抽象へと向かっていったのだ。

●二〇世紀後半――具象

一九二九年、ルネ・マグリットはその有名な絵を描いた。自然主義的に描写されたパイプの下には、「これはパイプではない」と書かれていた。この時代の抽象芸術に典型的なものだが、マグリットのこの絵の美しさは色や物体や光にあるのではない。美しいのは、絵画のもとにある考えである。

しかし同時に、マグリットの絵画はその問いを具体的基盤の上に表現している。この表題は、この絵が描かれた現実から一定の距離を置いたところにある事柄を表している。[原注22] 私たちは絵画がフィクションであることを思い出し、そこから外に出るように促され、抽象的世界が根を下ろすことのできる具体的現実を思い出させられる。

マグリットの絵は、具象性が再び表れるようになった二〇世紀後半の芸術の前兆だった。この傾向は、デンマークの重要な芸術家であるリチャード・モーテンセンの作品にも見ることができる。コペンハーゲン王立美術館で一九九四年に開かれた展覧会では次の点が強調された。モーテンセンの二〇世紀初めの作品には、知覚心理学の理論を抽象的に追求する傾向があるのに対して、第二次世界大戦後の作品はより具体的な現実を出発点としているのだ。

具体的現実への関心は、一九六〇年以降に現れた新しい表現のなかにより明確に見いだされる。芸術は美術館のなかのかぎられた空間から出て、確かな〈場所〉との関連において創造されるようになった。この傾向は、「ランドアート」や「ネイチャーアート」と呼ばれるものにもっとも明瞭に現れている。これらの新しい芸術の流れでは、場所の素材、場所の地形、場所の歴史、そして場所の自然が主として強調され、そうすることで場所の特質――ゲニウス・ロキ――が視覚化された。また、同様の方法で何人かの建築家も地域性にはっきりと根ざした建築を造り上げた。レイマ・ピエティラの建築はその好例といえる。

場所と結びついた芸術と建築の経験において、人は空間の全体像を手放す代わりに、生気のある宇宙、精神、神秘、神話的存在がすべて意味をもち、観察されることを拒否する世界に立ち戻ることになる。そして人は、彫刻家イングヴァー・クロンハンマーの作品に表れるような根源的な原理を求める。クロンハンマーは、生涯を通じて、「神話と自然の原点を振り返っていた。それらが無限の夢をつくりだす素材となったのだ[原註23]」。

同様の探求は、前に述べたトリリッチの庭園芸術にも現れている。デザイナーは理想に走る芸術とその窮屈な枠組みから自由になり、有史以前の文化に現れる根源的なものや原初の自然の痕跡を探し求めるのだ。

ほかに、二〇世紀後半の芸術に見られる特徴に、固有の敷地の自然な延長として現れてくることが挙げられる。その土地や場所の経験と有機的時間の経験は切り離せない。最近の芸術家が東洋文化にインスピレーションを得るのに従って、このような循環的時間の概念が表現されるようになった。これはたとえば、瞑想的時間をつくるブライアン・イーノの「ニューエイジ音楽」のなかに聴くことができる。

デンマークの文化社会学者であるジャン・フィッシャーは、「西洋音楽が習慣的に時間に沿って進み、バリエーションと緊張と発展を強調する一方で、東洋的色合いの音楽はむしろ停止と時間の休止にあこがれているようだ[原註24]」と書いた。つまり、抽象的・直線的な時間の概念とその表現から現実の固有の経験される時間へ向かうのである。これは、生成と分解の無限の循環が芸術体験の本質的な部分をなすネイチャーアートと共通する。

コンセプチュアルアート[8]やハプニングのような非物質的な形の芸術は、芸術作品をとらえ直そうとする試みである。つまり、芸術作品の背後に潜むアイデアではなく、むしろ作品の創造のなかで生まれるアイデアが主眼なのである。ここに生まれるのは、美的イメージが創造的プロセスを表現し、最終的にはそのプロセスが作品の核となるような芸術である。完成品志向型の芸術からプロセス志向型の芸術への変動が起きている。この延長線上で、建築家は徐々に建物をもっと本質的な要素——建物のなかの生活——を囲む外部の枠組みと見なすようになっている。

デンマークで活動中のもっとも優れた建築家に含まれるエクスナー夫妻は、インタビューのなかで、彼

図 7.23：建物の誕生：コリングフース城（Koldinghus）の再建で、建築家エクスナー夫妻はもとの外観を復元することはしなかった。代わりに、城の特徴に融和するデザインで建て増しをした。

らがどのように「変化するプロセスにおける一種の生きた存在として建物を理解する」ようになったか語っている。[原註25] 建物はもはや、完全無欠な〈空間〉の美学の表現と見なされることはない。その代わり、不断の変化のなかの生きたプロセスとしてとらえれるようになる。

プロセス志向の芸術においては、芸術家は独裁的な創造者としては存在しない。芸術は創造的プロセスに本来備わっている予測不可能性に対して開かれ、偶然性の余地が残しておかれるのだ。芸術家はより謙虚な役割を受け入れ、作品は芸術家自身の主体的アイデアだけを表現したものではなくなる。芸術家のアイデアと同じ程度に、自然自身のプロセスやモノの意思が創造的過程のなかに現れてくるだろう。これが、「ランドアート」や「ネイチャーアート」、

（8）アイデアやコンセプトを表現することに主眼を置く前衛芸術。

そして「インスタレーション」などに見いだされる表現である。

たとえば、デンマークの画家アルバート・メルツは、ある作品において普通の意味での絵を描かなかった。その代わりに、キャンバスの上で爆発する導火線に火をつけたのだ。爆発に表現させ、彼自身は物事を決定する主体という地位を捨てて偶然に役割を譲ったのだ。つまり、絵は爆発によって完成するのだ。

建築の分野でも、支配的なデザイナーとしての役割をトーンダウンさせた多くの建築家がいる。たとえば、ドイツ人建築家のギュンター・ベーニッシュやアメリカ人建築家のピーター・アイゼンマンである。アメリカ建築の専門家であるカリ・ヨーマッカによれば、アイゼンマンは「著作者であることと、著作者の負う罪から解放してくれるような、それ自身を記述する〝技術の文学〟」を探している（原註26）。アイゼンマンは、それ自身のうちに構造化の原理を内包するようなデザインプロセスを探求しており、それによって建築家は伝統的なデザイナーの役割から手を引くことができるわけだ。

フルクサス芸術の日常の出来事への関心も、芸術がこれ以上、抽象的概念という形でのリアリティを求めていないという考えの現れだった。つまり、意識的な認識の領域から抽出されるイメージではなく、具体的な日常生活の出来事に光が当てられるようになったのだ。

「おそらくフルクサスは、禅に触発されたリアリティ・セラピーということができる。現実のエキサイティングな特徴の発見と日常生活からの一時的な分離によって、人はそれが単なる日常ではないことを知る。因習のベールで覆われた妄想を取り除くのだ」と、ジャン・フィッシャーは述べている（原註27）。人びとは、二〇世紀の初めからすでに〈空間〉の様式化された美学を乗り越える準備ができていた。すなわち、世界を明らかにしたいという望みがあったわけである。

これは、たとえばジョン・ケージの音楽の沈黙のなかで経験することができる。ジョン・ケージは、沈黙を休止と見なす従来の音楽観から脱した。彼がつくったのは、沈黙を耳に聞こえる音と音の間の空白ととらえる音楽ではなく、沈黙が新しい音の生まれるための領域であるような音楽だ。強調された音符の間に存在する空っぽの空間の可能性が探求され、そこに聴くことに集中するための空間が生まれた。本質的なのは旋律ではなく、もっと包括的な宇宙の響きだった。西洋音楽の基本とされた音階は、連続的な音の周波数域を組み込んだ、より東洋的雰囲気の新しい音楽に道を譲った。つまり、世界が分割される以前の総体性を取り戻そうとしたのだ。

ここで創造された沈黙は、モダニストが創造した純粋で歴史性のない、まったく装飾のない建築を思い起こさせる。しかし、二〇世紀初頭には、目に見える範囲の環境から距離を置いたところにあるユニバーサルな理念を発見する企てがあったのに対して、今では人は具体的な生活世界での音に聞き耳をたてている。『4′33″』と題されたジョン・ケージのもっとも有名な作品は、沈黙だけで構成されている。これによって、私たちの物理的な周辺環境に生ずる予測できない偶然の音に必然的に注意が集まった。つまり、私たちの呼吸や咳、くしゃみの音、キーキー鳴るドアの音などだ。人びとは、直接的現実のなかに美しさを探していた。

二〇世紀後半の芸術は、さらに具体性と固有性を探求していた。とすれば、新しい芸術は〈場所〉の美学の形をとると考えたくなるかもしれない。しかし、今日の芸術は単に場所と結びついているだけではないし、非計画的な行為の表現だけでもない。それは、非意図的な形態の背後に意図を含んだプロセス志向型の芸術である。本物の場所に確かに根を下ろした芸術であるが、それと同時に、抽象的空間でのユートピア的理想の可能性に対しても開かれている。

これは、ヨーゼフ・ボイスのようなクリエイターによってつくられたインスタレーションに表れている。彼は、豊富な知識をもちながら崇高な芸術家でもある並はずれたクリエイターと評されている。インスタレーションは、抽象的思考が直接、具体的材料によって表現された抽象的思考の具象的探求であると特徴づけられる。つまり、身体と精神の間の距離がすべての意味で急激に様相を変えつつあるポストモダンの時代に、両者の相互関連性を創造しようとしているのだ。彼は、抽象的思考を具体的実体に取り付け——インストールし——流動的な社会をその基本的な自然の基盤に根づかせた。彼は、〈インタフェース〉における新しい芸術を生み出しているのだ。

●アーバンエコロジーの美学

この章で詳しく述べたように、アーバンエコロジーは、自然、敷地と場所の顕著な特徴（ゲニウス・ロキ）、有機的時間、プロセス志向型の住宅、そして居住環境のつくり込みへの積極的な住民参加にその焦点をあてている。また、これまで見てきたように、同じ流れが第二次世界大戦以降の芸術と建築においても本質的に重要であった。そして、アーバンエコロジーの取り組みは、より最近のデザインの潮流の根本にある価値と密接に結びついているのである。

アーバンエコロジストは既存の美学を、背後のより本質的な価値を覆い隠す仮面と見なしている。彼らは社会の因習的幻想を暴いて新たに出直そうとしている。この点においてアーバンエコロジーは、モダニズムが純粋で歴史性のない様式によって出発したのと共通する意図をもっている。しかし、最近の芸術の

図 7.24：抽象と具象：ヨーゼフ・ボイスによるインスタレーション。抽象概念が具体的材料によって表現される。

図 7.25：場所と空間：アイゼンマンによるベルリンに建つこのプロジェクトは、場所の秩序——東西を隔てるベルリンの壁——と、空間の秩序——地図上の東西軸——の出合いを内包している。

流れと並行して、アーバンエコロジストたちは理念が上から支配するような世界に根本的価値を求めているわけではない。彼らは現前の環境に目を向け、自然のなかにそのルーツを見つけようとしている。

もう一度いうと、根源的な自然に焦点をあてるあらゆる努力をする現代美術と軌を一にして、アーバンエコロジーの建築は自然の基礎的な循環システム——火、空気、水、土——との関係においてつくられ、適応している。自然を多数の、バラバラの客体の集合と見なす科学の還元主義、物質主義には背を向け、自然を総体として直接的に経験しようとする。

エコロジーの本来の意味「居住地の研究」は、有史以前の文化に人間の起源を探し求めることにしばしば熱心な最近の芸術と同じように、文化の原初的立脚点を回復しようとするアーバンエコロジーの取り組みを思い起こさせる。言語を本質とする文化は、今、過去を振り返って前言語的なリアリティを見ている。つまり、抽象的文化は具体的自然にそのルーツを求めているのだ。

ごく最近の芸術と建築と同様に、アーバンエコロジーの分野のデザイナーは主導的役割から身を引いて、建物固有の具体的基盤と関わる、より謙虚な立場をとるようになっている。ウコハウスで見たのも、形態が敷地の自然と居住者の存在を表現する姿である。これはベルリンで進行中の多くの都市再開発にも見られ、古い建物の古典的装飾が同じ形を想起させる植物に代えられている。建築家のアイデアは、固有の具体的現実における偶然の出合いで初めて形態を得るのである。その形態は、意図的に非意図的である。

芸術作品と鑑賞者の間の距離を徐々に消しつつある最近のプロセス志向の芸術の流れと並行して、アーバンエコロジストは居住者と切り離して考えることのできない、進行するプロセスの一環として環境的な取り組みを発展させている。環境的な取り組みは独立した技術的解決法としてのみつくられるのではなく、居住者の常に変化するニーズや習慣の結果として現れる。また、環境的な取り組みは、居住者の意識的な行動の変革に基づいており、そこでは居住者は環境的な取り組みに沿って生活をする。つまり、居住者自身が取り組みなのだ。こうして、アーバンエコロジーの建物は、人々の生活を取り囲む外的な枠組みとしてではなく、その人自身が重要な一部となる環境としてつくられる。これは、方法は異なるが、住宅を第三の皮膚と見なす建築生物学者の考えとも一致する。このように、居住者の生活と建物の間の距離は縮小している。そして、ここに出現するのは生きている家である。

最近のデザインでは、すべての試みが内部空間と外部空間の間の抑圧的で強固な境界を壊すことに向けられている。アーバンエコロジーのもっともよく普及した手法の一つ、ガラスで囲まれたパティオも同じである。ガラスのパティオのなかに立つとき、人は内側でも外側でもなく境界線上にいることになる。

図 7.26：古典的形態の変化：もともとの古典主義的装飾を想起させるように取り付けられたファサードの緑。

そして、文化と自然の間の強固な境界も消えつつある。建築においては明確に規定された形態は解体されつつあり、もっと不確定な目立たない形態に変わりつつある。これは、アメリカの建築学者であるジェラルド・アンダーソンが「不定形態」(原註28)と呼んだものだ。そして、これは自然が都市に迎え入れられるとき、自然が文化の領域に取り入れられるときにアーバンエコロジーの計画に現れる。これはまた、屋上や外壁、温室の緑が、建物と植物の境界線をあいまいにしているアーバンエコロジーの建物にも見られる現象である。要するに、文化と自然の境界はどんどん希薄化しているのだ。

　アーバンエコロジカルな建物の造りが最近のデザインと共通する特徴を示す例は多い。もちろん、現代のすべての芸術作品がアーバンエコロジーの理念を喚起するわけではないし、すべての作品がアーバンエコロジーの動機に基づくわけではない。しかし、芸術家とアーバンエコロジストはたしかに共通の関心をもっているのだ。彼らは、具体的な基盤を求めている。新しい芸術において、抽象的宇宙が根づくことのできる具体的基盤への関心が高まっているのと対応するように、アーバンエコロジーは具体的に現実問題として現れる環境問題を背景に生まれたものだ。アーバンエコロジーで扱われているのは、自然における私たちの具体的な生活の基盤なのだ。

　アーバンエコロジストと同様に芸術家も、科学的世界観がもつ抽象的基盤への盲目的信仰から脱却しようとしている。二〇世紀初頭の芸術家が〈空間〉の美学と起源を同じくする偏った視点に抵抗したのと同様に、アーバンエコロジストは社会の全体計画志向がもつ偏狭な意図に抵抗してきた。そして、芸術家が目で見ることのできるモチーフを失ったように、アーバンエコロジストは上から決定される社会的計画が、その下地となる社会での生活とのつながりを失ったと感じている。芸術家とアーバンエコロジストは新しい世界観を創造する準備ができており、それは具体的現実にしっかりと抽象的記号を根づかせるものになるだろう。彼らは新しい文化の創造を望み、〈インタフェース〉においてそれを生み出している。

　インタフェースの二重のパースペクティブのもとで、人は実際、二種類の自然があることを発見する。

図 7.27：不確定な形態：住宅と環境の境界が弱まっていることを示す2例。

私たちの感覚に訴える具体的な自然があり、知性に訴える抽象概念の自然がある。文化は、具体的自然を開拓することでその物理的基盤を生み出す一方で、抽象的自然の開拓によってその精神的意味を生み出すのだ。そして、西洋文化の危機は、抽象的領域と同様に具体的領域においても起こっている。

具体的現実の文脈では、環境危機は自然における私たちの生命のもっとも根本となるものが脅かされるところまで文化の領域が広がったしるしである。公害は目に見えるようになり、それ自身の基盤まで根絶しようとする文化の無意味さ暴きだしている。

しかし、抽象的自然も私たちの振る舞いによって脅かされている。科学的記述によって自然はただの生命のない物質に貶められており、これ以上説明すべき説明不能な自然はなくなった。言語はその意味を失ったのだ。そして、その言語を基盤にもつ西洋文化も意味を失った。

アーバンエコロジーは、脅かされた自然と自然の経験の喪失を背景として生まれる。そのとき、アーバンエコロジストの関心の中心は具体的自然である。しかし、アーバンエコロジストの関心と探求の対象、とくに具体的自然は、〈インタフェース〉でそのほかに起こっていることから切り離して考えることはできない。アーバンエコロジーに関する努力は、具体的な敷地――場所の自然、場所の歴史、場所の地形、場所の気候、場所の光、場所の色、実際の材料、特定の時間、特定の参加者など――に抽象的思考をつなぎとめる、今日的な美学の追究として行われなければならないだろう。

文化が具体的現実における基盤の喪失によって危機にあるだけでなく、抽象的宇宙でも意味を失った時代、そして具象と抽象の境界が解体されている時代には、具体的自然の経験を回復するアーバンエコロジーの努力は新しい抽象的自然観と結びつけられるべきである。私たちは自然のなかのと自然に関する概念の間に新しい一致をつくり出さなければならないのだ。

アーバンエコロジーは、より大きな全体の一部である。それは、今日の芸術が熱心に取り組んでいる視野（芸術の視野の方がやや広い）の一部をなす。つまり、アーバンエコロジーは明確な〈空間〉から不断に変化する〈インタフェース〉に向かう、より大きなパラダイムシフトと結びついているのだ。だから、環境的取り組みが現代デザインと相容れないという、アーバンエコロジーに無関心な建築家の主張は誤解に基づいているといえる。アーバンエコロジーをより深く理解すれば、それがデザインの今日的潮流と自然に結びついていることを認めざるをえなくなる。ここでの共通の使命は、〈インタフェース〉の文化を発展させることである。

　近年、アーバンエコロジーの美学的側面への関心が高まっている。アーバンエコロジーが依然としてごく少数の人々に向けてだけ呼びかけるイメージをもち続けるのは、望ましいことではない。ありきたりの建物に代わる魅力的な選択肢ととらえられるように、アーバンエコロジーの建築は美しくエキサイティングなやり方でつくられなければならない。この理由から、アーバンエコロジーの考えに則した生活スタイルを普及させるのに美しさは大きな効果をもつことが予感される。しかし、美しさは環境的効果につながるとは考えられていない。不幸にも、美的イメージは依然として科学的世界観のなかでとらえられており、そこで建築は〈空間〉の美学によってつくられている。この種の美は具体的現実から距離を置いたところに創造され、現実に影響を与えることもできない。

　しかし、〈インタフェース〉の場で発展する文化では、美学的側面は新しい意味を獲得する。〈インターフェイス〉では〈空間〉の象徴的美学から離れる動きがあり、続いて新しい美学が誕生する。そこでは、

図 7.28：絵のなかのリアリティ：フンデルトヴァッサー設計のウィーンのウコハウスに入るのは、彼の絵のなかに入り込むような感覚だ。イメージと現実の間の距離は消え去る。

リアリティは美的イメージの発生の過程のなかに絶えず現れ続ける。つまり、〈インタフェース〉では、美は完成した表面的な見かけの美しさではない。むしろ、現実とイメージがともに発展し、一つに溶け合うような創造的プロセスに美しさがあるのだ。

イメージの誕生によって理念は形となる。そして、イメージの創造によって現実が見えてくる。イメージと描写されたものの間の距離、芸術家と芸術作品の間の距離、知覚する者と知覚されるものの間の距離は徐々に取り除かれ、イメージは私たちの生活の直接的表現となる。つまり、私たちはイメージのなかに生きるのだ。

〈インタフェース〉の現実は、目に見える環境から距離を置いた高みにある宇宙には存在しない。人は具体的な、固有の現実にもっと配慮せずにはいられない。〈インタフェース〉から生まれてくるのは、自然との関係に対する新しい倫理観の可能性である。そして、〈インタフェース〉の美学の創造自体を、アーバンエコロジーの主要なゴールと見なすことができるのだ。

〈インタフェース〉の創造的プロセスにおいて自然と文化の間の既存の境界は壊され、新しい境界が生まれつつある。しかし、この新しい境界は、抽象的宇宙における根本原理を確立するための固定的な分割線としてつくられるのではない。〈インタフェース〉では、文化的イメージは抽象と具象、文化と自然の出合いによってつくられるのだ。その出合いは、常に、新しい美のイメージとして新しい文化と新しい自然を生み出していくことになる。

〈インタフェース〉の絶え間ない変化に現れるのは、一つの物語に融合してしまうような文化ではなく、無限に多くの物語からなるハイブリッドな文化である。つまり、一つの自然観があるのではなく、たくさんの自然観があるのだ。多様な文化を形に表すエコロジカルな建物は、色とりどりの異成分からなる総体として出現することになる。個々のプロジェクトの具体的条件を出発点としてつくり出されるアーバンエコロジーの建物は、異なる場所では異なる形をとる。そして、口先だけでエコロジカルな住宅のつくり方を説明できるような、一般論的な万能の解決策を提供することはできない。二つとしてそっくりな建物はなく、アーバンエコロジーの建築群に共通する唯一の特徴はその非類似性となるだろう。

　私たちは新しい文化の誕生の真っただなかにいる。そして私たちは、走査線で表示された画像を非常に近くで見たときのように状況のただなかにいるのだ。そのときには、一本一本の走査線しか見ることができない。のちに、画像から距離を置いて眺めたときに初めてモチーフが見えてくる。そのとき、私たちはアーバンエコロジーの混沌としたイメージにずっと隠れていたパターンと秩序に気づいて驚くことになる。その瞬間、「絵」は理解され、そしてアーバンエコロジーの物語は沈黙するのだ。

訳者あとがき

本書『エコロジーのかたち』は、「美学」という切り口からエコロジカルな建築とは何かを考える本である。つまり、技術や社会的な取り組みではなく、デザインの問題として考えたものである。

　これまでは、環境問題に対する取り組みが、技術的に解決されるべき問題と考える「環境マネジメント」か、ライフスタイルと価値観の問題と考える「環境保護運動」に二極化しているというのが著者の問題意識である。本来、これらが車の両輪のようにお互いに補完することが必要であるにもかかわらず、現実はそうなっていない。そこで、両者をつなぐものとして、技術と価値観（文化）を統合する行いである「デザイン」と、その背景にある「美学」という観点から検討を加えたのである。

　建築は、一面では思想や価値観の表現である。そのように見ると、草の根の環境保護運動に見られる手づくりの住宅は、科学技術を信仰する工業化社会に背を向けるライフスタイルを表している。そして、ハイテク・エコ建築は、技術の力によって環境問題を解決しようとする科学技術志向を体現している。しかし、身の周りの生活の変革だけでは地球規模の環境問題は解決しないし、技術依存は今日の環境危機を引き起こした原因でもあり、自然を操作対象として見る科学的世界観をそもそもベースとするものであるから、本質的な解決にはならない。

　著者は、このジレンマを異なる美学の葛藤ととらえている。草の根運動はローカルな環境に根ざした原初的な文化のもつ〈場所〉の美学に、技術主導の環境的取り組みは、自然を客体化し、空間を単に物理的存在としてとらえる科学的世界観から生じた〈空間〉の美学という、それぞれに特有の美学に依拠していると述べている。これらの間の断絶を乗り越えなければ、環境への取り組みは二分化されたままである。

そこで著者は、現代美術に着想を得て、両者をつなぐものとして抽象的な思考を人々の生活に直結する具体的な場所に結びつける〈インタフェース〉の美学を提唱する。これは、アーバンエコロジーという、都市を自然と同じように複雑にはたらく生態的システムと見なし、文化の領域である都市と自然との間の境界線を超える考え方を裏づけるものでもある。そして、素朴な手づくりの懐古的な建築でもなく、完全にコントロールされた人工物としての建築でもなく、自然のプロセスや住民が手を加えることで生じる変化を受け入れて、建物が完成したあとも時間とともに変化していくような建築を美しいとする美学である。

この新しい美学は、建築家・デザイナーに対しては、自らが美しくデザインした建物が竣工した時点を（あとは古びていくだけの）完成した「作品」と考える姿勢からの脱却を促す。一方で、個人個人に対しても専門家・技術任せにせずに、住宅づくりと生活の両面から環境への取り組みに参加することの意味を説明する。つまり、住み手と作り手の双方に姿勢・価値観の転換を求めているといえよう。

日本でも、環境問題やエコロジーへの関心は高まっている。しかし、環境への取り組みが省エネ家電のような「エコロジカルな」製品や技術の開発か、リサイクルの促進やスローライフといった個人の生活行動に二分化される傾向は同じである。そして、技術志向は日本の場合はとくに顕著だと思われる。

環境に配慮した製品を選ぶことやリサイクルすること自体は間違っていない。だが、モノや資源を大量生産・大量消費する社会の成り立ちをそのままに、エコロジカルな製品を新しく買い、もともと必要以上に多くあるいは早いサイクルで生産・廃棄されるものをリサイクルするというように、本質的な問いかけのないまま「エコ」がムードに流れがちであることは否定できない。このような現状を考えると、デンマークでは一〇年前に出版された本書であるが、今日の日本に住む私たちに与える示唆は大きい。

本書については、著者の勤務するデンマーク国立建築研究所に訳者（伊藤）が留学したのが縁で知った。そこで、建築研究グループのコーディネーターを務める著者とお互いの研究を紹介していたときに本書の内容を説明してくれたのである。当時はデンマーク語版しか出ておらず、説明と英文抄録でしか内容を知ることができなかった。しかし、問題意識にとても共感し、環境問題への取り組みと現代美術という、思ってもみなかったことを結びつける美学の問題として話すのに刺激を受け、いずれは全文を読みたいと思っていた。その後、英語版の準備が始まったと聞き、出版されたら読むのを楽しみにしていたが、せっかく読むなら翻訳をしようということになったのである。

訳していて強く感じたのは、本書は二つの意味で非常に「北欧的」であるということだった。

一つは、モダニズムを否定するのではなく、発展的に継承しようとするスタンスである。モダニズム・近代建築は、一面では自然科学や技術発展と密接に結びついている。工業技術によって生産され、空調と人工照明によって（莫大なエネルギーを使いながら）快適な室内環境をつくる建物はそれを体現したものである。

しかし、本書はそうした建築の造られ方を、モダニズムの一面のみが助長された結果だととらえる。そして、モダニズムの当初の理念は、むしろ文化（人間）と自然の領域を切り離した科学的世界観を超克し、

「自然」を復権しようとしたものだと述べる。それゆえ、モダニズムという思想の根本に立ち返って、文化と自然を再び結びつけようとする側面にアーバンエコロジーにつながる芽を見いだすのである。

近代社会は、環境問題という文脈では技術発展・工業化・産業化と合わせて批判的に見られることが多い。にもかかわらず、近代を再評価する本書の立場は、モダンデザインはもちろん、教育・福祉のような近代的社会制度が高度なレベルで実現した北欧社会ならではの、近代性の両面を経験した上での理解があるように思えるのである。

もう一点は、個人の理性への信頼感である。美学やライフスタイルというのは、きわめて個人的なレベルの問題といえる。にもかかわらず、環境危機への対処と持続可能な文明への脱皮という共通の目標があり、きちんと知識と情報が提供されれば個人もそれに向けて動くという希望に基づいている。こうした個人の理性や合理的判断に対する基本的な信頼は、本書の翻訳作業だけでなく、北欧での生活全般を通じて訳者が二人とも感じたことである。

最後になったが、読みやすい本にするために多くの助言をいただき、遅れっぱなしの作業を辛抱強く待って下さった新評論の武市一幸氏には大変感謝している。また、在日デンマーク大使館より出版助成をいただいた。ありがとうございました。

二〇〇七年　七月

伊藤俊介・麻田佳鶴子

Jensen, Ole Michael: *Ecological Building - or just environmentally sound planning*. Arkitektur 7/1994.

Jormakka, Kari: *Total Control and Chance in Architectural Design*. DEcon'93; Design: Ecology, Aesthetics, Ethics. 4th International Symposium on Systems Research, Symposium Proceedings.

Kennedy, Margritt: *Arkitektens ekologiska ansvar*. [The Architect's Ecological Responsibility]. Arkitektur (Swedish), 8/1992.

Larsen, Svend Erik: *Er naturen egentlig naturlig?* [Is Nature Really Natural?] Forskning og samfund nr 8.1991.

Norberg-Schulz, Christian: *Undringens vei*. [The Path of Wondering]. Byggekunst (Norway) 3/1994.

Ozenfant, Amédée, Jeanneret, Albert and Le Corbusier: *Sur la Plastique*. In: L'esprit Nouveau 1, October 1920

Pallasmaa, Juhani: *From Metophorical to ecological Functionalism*. Architectural Review June 1993.

論文・記事

Anderson, Gerald I.: *Indeterminate Forms and Architecture.* DEcon'94 Symposium Proceedings; Design: Evolution, Cognition. 7th International Symposium on Systems Research, Symposium Proceedings.

Backer, Lars: *Vor holdningsløse arkitektur.* [Our Non-Committal Architecture]. *Byggekunst* (Norway), 1925.

Bech-Danielsen, Claus: *De-signed Ecology.* In: Acta Polytechnica Scandinavica. Design: Evolution, Cognition. Selected and edited papers from DEcon'94 Symposium. Helsinki, 1996.

Bech-Danielsen, Claus: *Urban Ecology Forms.* In: Housing in Europe. Housing Research Conference in Denmark. Hørsholm, Danish Building and Urban Research, 1997.

Bek, Lise: *Rum er også andet end form og funktion - Renæssancens og modernismens rumopfattelse under forvandling* [Space is realy something else than form and function - the metamorphosis of the notion of space in the renaissance and in modernism]. In: SBI-byplanlægning 60 [Report of Danish Building and Urban Research no. 60]. Hørsholm, Danish Building and Urban Research, 1990.

Dirckinck-Holmfeld, Kim: *Rodfæstet arkitektur.* [Rooted Architecture]. Arkitektur Dk 1/1994.

Fischer, Jean: *Rum, ritual og natur i nyere kunst.* [Space, Ritual and Nature in More Recent Art]. In: Hverdagsrummets ritualer. [The Rituals of Everyday Space]. Copenhagen, Laboratoriet for Boligbyggeri, Kunstakademiets Arkitektskole, 1990.

Fischer, Jean: *Tilbage til rummet? Kulturhistoriske overvejelser over rum og tid.* [Back to Space? Cultural historical ruminations about space and time]. In: SBI-byplanlægning 60 [Report of Danish Building and Urban Research no. 60]. Hørsholm, Danish Building and Urban Research, 1990.

Habermas, Jürgen: *Moderne und postmoderne Architektur.* Arch+, nr 61, feb. 1982.

Hahn, Ekhart: *Ecological Urban Restructuring.* Berlin, Wissenschaftszentrum Berlin für Socialforschung, 1991.

Neddens, Martin C.: *Ökologisch orientierte Stadt- und Raumentwicklung. Genius loci, Leitbilder, Systemansatz, Planung*. Wiesbaden, Bauverlag, 1986.

Norberg-Schulz, Christian: *Mellom jord og himmel*. [Between Earth and Sky]. Oslo, Universitetsforlag, 1978.

Pearson, David: *The Natural House Book*. London, Conran Octopus, 1989.（デビッド・ピアソン／前川泰次郎訳『ナチュラルハウスブック—健康的で、調和のとれた、エコロジーに健全な、住宅環境の創造』産調出版、1995年）

Pierrefeu, François de and Le Corbusier: *La maison des hommes*. Paris, Librairie Plon, 1942.（ル・コルビジェ，F・ド・ピエールフウ／西沢信彌訳『人間の家』鹿島出版会（SD選書120）、1978年）

Pirsig, Robert M.: *Zen and the Art of Motorcycle Maintenance*. London, Bodley Head, 1974.（ロバート・M・パーシグ／五十嵐美克・兒玉光弘訳『禅とオートバイ修理技術：価値の探求』めるくまーる、1990年）

Ponting, Clive.: *A Green History of the World*. New York, Penguin Books, 1993.（クライブ・ポンティング／石弘之・京都大学環境史研究会訳『緑の世界史（上・下）』朝日選書、1994年）

Rasmussen, Steen Eiler: *Experiencing Architecture*. London, Chapman & Hall, 1964.（S・E・ラスムッセン／佐々木宏訳『経験としての建築』美術出版社、1966年）

Stjernfelt, Frederik and Tøjner, Poul Erik: *Billedstorm*. [Pictorial Storm] Copenhagen, Kunstbogklubben, 1989.(Includes summary in English, German and French)

Vilby, Knud: *Mod bedre vidende*. [Toward Better Witnessing]. Copenhagen, Hans Reitzels Forlag, 1990.

World Commission on Environment and Development: *Our Common Future*. Oxford, New York, Oxford University Press, 1987.（国連：環境と開発に関する世界委員会報告書『われら共通の未来』1987年）

1992.

Giedion, Siegfried: *Architektur und Gemeinschaft*. Hamburg, Rowohlt, 1956.

Giedion, Siegfried: *Space, Time and Architecture*. Cambridge, Mass., Harvard University Press, 1961.（ジークフリート・ギーディオン／太田實訳『空間・時間・建築』丸善、1955/1969/1973年）

Heidegger, Martin: *Basic Writings*. London, Routledge, 1999 (revised and expanded edition).

Hoffmeyer, Jesper: *Signs of meaning in the universe*. Bloomington, Indiana University Press, 1996.（ジェスパー・ホフマイヤー／松野孝一郎・高原美規訳『生命記号論：宇宙の意味と表象』青土社、1999年）

Howard, Ebenezer: *Garden Cities of To-Morrow*. Cambridge (Mass.) and London, The M.I.T. Press, 1965.（エベネザー・ハワード／長素連訳『明日の田園都市』鹿島出版会（SD選書28）、1968年）

Kendall, Richard: *Degas Intime*. Copenhagen, Ordrupgård, 1994.（リチャード・ケンダル／村上能成訳『舞台裏のドガ―美の再発見シリーズ』求龍堂、1998年）

Kristensen, Tom: *Havoc*. Madison, Milwaukee and London, The University of Wisconsin Press, 1968.

Lightman, Alan P.: *Einstein's Dreams*. London, Sceptre, 1999. Originally published: London: Bloomsbury, 1993.（アラン・ライトマン／浅倉久志訳『アインシュタインの夢』早川書房、1993年）

Lynton, Norbert: *The Story of Modern Art*. Oxford, Phaidon, 1980.

Løgstrup, Knud Ejler: *Ursprung und Umgebung. Betrachtungen über Geschichte und Natur*. Tübingen, J.C.B. Mohr, 1994.

Merleau-Ponty, Maurice: *Le visible et l'invisible*. Paris, Gallimard, 1964.（モーリス・メルロ＝ポンティ／滝浦静雄・木田元訳『見えるものと見えないもの』みすず書房、1989年）

参考文献一覧

書籍

Bek, Lise: *Virkeligheden i kunstens spejl.* [Reality in the Mirror of Art]. Aarhus, Aarhus Universitetsforlag, 1988.

Berge, Bjørn: *The Ecology of Building Materials.* Oxford, Butterworth-Heinemann, 1998.

Blixen, Karen: *Out of Africa.* Melbourne, London, Baltimore, 1954.（カーレン・ブリクセン／渡辺洋美訳『アフリカ農場—アウト・オブ・アフリカ』筑摩書房、1992年）

Carse, James P.: *Finite and Infinite Games. A vision of Life as Play and Possibility.* Harmondsworth, Penguin, 1987, c1986. Originally published: New York, Free Press, 1986.

Cronhammar, Ingvar: *As if through a Glass and Darkly.* Roskilde, NORTH-Information, 1989.

Commission of the European Communities: *Green paper on the urban environment.* Luxembourg, Office for Official Publications, 1990.

Daly, Herman and Cobb Jr., John: *For the Common Good.* London, Green Print, 1990.

Danish Environmental Ministry: *Byøkologiske anbefalinger.* [Urban Ecological Recommendations]. Copenhagen, Danish Ministry of Environment, 1994.

Danish Ministry of Energy: Energy 2000. *A plan of action for sustainable development.* Copenhagen, can be ordered at: Danish Energy Agency, 1990.

Edgerton Jr., Samuel.Y.: *The Renaissance Rediscovery of Linear Perspective.* New York, Basic Books, 1975.

Engelbrecht, John: *Den intuitive tanke. Fra Lao Tse til Martinus.* [The Intuitive Thinking]. Copenhagen, Borgen, 1982-85.

Fehn, Sverre: *The Poetry of the Straight Line.* Helsinki, Museum of Finnish Architecture,

Exner. Arkitektur DK 1/1994.

26） Kari Jormakka: *Total Control and Chance in Architectural Design*. Decon '93 Symposium Proceedings, p.47.

27） Jean Fischer: *Rum, ritual og natur i nyere kunst*. ［最近の芸術における空間、儀礼と自然］、pp.35-36.

28） G.I.Anderson: *Indeterminate Forms and Architecture*. Decon '94 Symposium Proceedings. 【"Indeterminate forms are those forms that are complex, indistinct, vague, blurred, broken, ambiguous, and non-specific. Indeterminate forms may be found in nature, in art, in music, in poetry, and sometimes in architecture."】

5）水の消費に関するデータはデンマーク統計省「飲料水の消費、1993年」より引用した。(Danish Statistics Bureau: *Consumption of Drinking Water in 1993.* Statistic Information 1994:14.)

6）David Pearson: *The Natural House Book*, p.65.［デビッド・ピアソン著『ナチュラルハウスブック―健康的で、調和のとれた、エコロジーに健全な、住宅環境の創造』前川泰次郎訳、産調出版、1995年］

7）Jørn Dinesen: *The Nordic Collaboration and the Danish Building and Urban Research's Project Area*, Report of Danish Building and Urban Research No.93: Environmental Effects from Construction.

8）James P. Carse前掲書、p.131.

9）Margritt Kennedy: *Arkitektens ekologiska ansvar.*［建築の環境的責任］Arkitektur, 8/92.

10）引用はTom Kristensenの小説 *"Havoc"* p.54より。

11）Henrik Pontoppidan: *Lykke-Per. volume 2*, p.310.

12）M.C.Neddens: *Ökologisch orientierte Stadt- und Raumentwicklung*［エコロジー志向の都市と空間開発］、p.29より著者訳。

13）Ole Michael Jensen: *Ecological Building - or just environmentally sound planning*, Arkitektur DK 7/1994, p.355.

14）ラテン語「genius」は、ギリシャ語で「生まれること」「創造されること」または「原初的なもの」を意味する「genes」から派生した。アーバンエコロジストが場所の「ゲニウス（genius）」に関心をもつのは、自然への関心と密接に結びついている。ラテン語で自然を意味する「nascor」も、もともとは「生じる」「発する」「起こる」という意味である。

15）Christian Norberg-Schulz: *Mellem jord og himmel*［天と地の間］、p.12.

16）Christian Norberg-Schulz: *Undringens vei*［感嘆の道］、Byggekunst 3/94.

17）人工的な時空間はギリシャ語の「kronos-koros」に対応し、経験的でホリスティックな時空間は「kairos/topos」と表すことができよう。

18）Juhani Pallasmaa: *From Metaphorical to Ecological Modernism.* Architectural Review, June 1993.

19）Martin Heidegger: *Building Dwelling Thinking.* In: Basic Writings, p.349.

20）Juhani Pallasmaa前掲書、p.75.

21）Juhani Pallasmaa前掲書、p.76.

22）題名は『これはパイプではない：イメージの裏切り』である。

23）Ingvar Cronhammar前掲書、p.11.

24）Jean Fischer: *Tilbage til rummet*［空間に帰る］. SBI-byplanlægning 60 [Report of Danish Building and Urban Research No.60], p.75.

25）Kim Dirckinck-Holmfeld: *Rooted Architecture - an interview with Inger and Johannes*

12）Maurice Merleau-Ponty: *Le visible et l'invisible* ［モーリス・メルロ＝ポンティ著『見えるものと見えないもの』滝浦静雄、木田元訳、みすず書房、1989年、p.176］

13）Jens Hvass & Morten Jacob Hansen: *Ikke min tanke - men tingenes vilje* ［私の思考ではなく、むしろ物の意思］、Arkitekten 15/1993.

14）John Engelbrecht: *Den intuitive tanke IV* ［直感的思考］、pp.38-39.

15）モーリス・メルロ＝ポンティ前掲書、p.177.

16）「源」と「周囲」の考え方はK.E.ロイストロップの著書 "*Ursprung und Umgebung*"［起源と環境］から得た。

17）Norbert Lynton: *The Modern World*, pp.92-98.

18）Lise Bek: Rum er også andet end form og funktion［空間は形態と機能だけではない］、SBI-byplanlægning 60 [Report of Danish Building and Urban Research no.60]、p.53.

19）このプロセスについては、アメリカの建築理論家カリ・ヨーマッカ（Kari Jormakka）が詳述している。*Total Control and Chance in Architectural Design*. Decon'93 Symposium Proceedings, p.47.

20）Ebenezer Howard: *Garden Cities of To-Morrow*, p.48.［E.ハワード著『明日の田園都市』長素連訳、鹿島出版会、1968年（SD選書28）、p.84］

第6章

1）World Commission on Environment and Development: *Our Common Future*, p.44.［国連：環境と開発に関する世界委員会報告書『われら共通の未来』、1987年］

2）*Byfornyelse i Fremtiden*.［未来の都市再開発］ Arkitekten, 1/1991, p.11.

3）マーティン・ハイデガーは "*Building, Dwelling, Thinking*"［建物、居住、思考］で、人間は場所の「牧者」であると記している。

4）著者が1993年に行ったインタビューより。

第7章

1）このような3部構成は、2000年前にヴィトルヴィウスが優れた建築は用・強・美の三要素を満たすと述べたことと対応している。

2）*Report of Danish Building and Urban Research No.93: Environmental Effects from Construction.*

3）従来の断熱材は建物のライフサイクルにおいて種々の深刻な問題を引き起こす。例えば、製造と取り付けの段階では労働者の健康に被害を及ぼす。

4）著者がJens Schjerup Hansen, Ole Michael Jensen, Thomas Schlyter, Nils Skaarer, Höskulder Sveinssonと共著した報告書 "*Ecological Construction in Nordic Countries*" にこのデータは収録されている。

第4章

1）S.Y.Edgerton: *The Renaissance of Rediscovery of Linear Perspective*, p.3.

2）哲学家フランシス・ベーコンの思想については48頁参照。

3）Lise Bek: *Virkeligheden i kunstens spejl*［芸術に映し出されたリアリティ］, p.219.

4）Richard Kendall: *The Improvising Impression. Degas Intimacy.*［リチャード・ケンダル著『舞台裏のドガ－美の再発見シリーズ』村上能成訳、求龍堂、1998年］

第5章

1）Lise Bek 前掲書、p.227.

2）"...ermölicht einer unsteten, vor sich selbst fliehenden Gegenwart eine Kostümierung in geliehenen Identitäten"［Jürgen Habermas: *Moderne und postmoderne Architektur*, p.55］

3）"So kommt es, dass die Architektur einen schweren Weg zu gehen hatte. Sie musste weider von vorn anfangen, wie die Malerie und die Bildhauerei. Sie musste die selbstversverständlichsten Dinge wieder erobern, als ob vorher nichts geschehen wäre." [Siegfried Giedion: *Architektur und Gemeinschaft*, p.28]

4）Lars Backer: *Vor holdningsløse arkitektur*［私たちの非献身的な建築］. Byggekunst, 1925, p.174.

5）この点については、アメデ・オザンファン(Amédéé Ozenfant)、アルベール・ジャンヌレ（Albert Jeanneret)、ル・コルビジェ（Le Corbusier）が『エスプリ・ヌーヴォー』（L'esprit Nouveau 1, October 1920, pp.38-43.）誌上、"*Sur la Plastique*" で表明している。

6）セザンヌは「自然を円柱、球、円錐として扱う」べきだと述べている。(Norbert Lynton: *The Story of Modern Art*, p.96）

7）Lise Bek 前掲書、p.264.

8）Jacob Wolf 前掲書、p.64.

9）Le Corbusier: *La Maison des Hommes*, p.41.［ル・コルビジェ、F・ド・ピエールフウ著『人間の家』西沢信彌訳、鹿島出版会、1978年（SD選書120)、p.87］

10）現象学も同様の発達過程をたどった。ハイデガーの "Oikos og techne"（環境と技術）の「あとがき」で、アン＝フリン・ブリュグはこう記している。「ハイデガーによる形而上学の『征服』は、それを不必要とする形で起きたのではなかった。むしろ、形而上学を直視し、それを形而上学的に記述することでなされたのだ」（*Oikos og techne*, p.132）

11）"Was in diesem Sinne system-funktional ist für Wirtschaft und Verwaltung, beispielsweise eine Verdichtung der Innenstadt mit steigenden Grundstückspreisen Bewohner wie der Anlieger keineswegs als 'funktional' erweisen." [Jürgen Habermas: *Moderne und postmoderne Architektur*, p.58]

原註一覧

第１章

１）“Wir meinen, das Sinnesempfinden sei rezeptiv. Aber das ist es nicht. Es ist abstandlos”.［K.E. Løgstrup: *Ursprung und Umgebung. Betrachtungen über Geschichte und Natur,* p.6］.

２）Maurice Merleau-Ponty: *Le visible et L'invisible.*［モーリス・メルロ＝ポンティ著『見えるものと見えないもの』滝浦静雄、木田元訳、みすず書房、1989年］

３）人間の眼は一秒間に一千万ビットの情報を受けとる。これは感覚入力の70パーセントに相当する。ということは、一秒間に脳は一千四百万ビットを受けとっていることになる。しかし、そのうち18から40程度しか残らない。［Bent Fausing: *Synet som sans.*［感覚としての視覚］Tiderne Skifter, 1995, p.54］

４）ジェスパー・ホフマイヤーは著書の“*Signs of Meaning in the Universe*”（pp.5-8）［ジェスパー・ホフマイヤー著『生命記号論：宇宙の意味と表象』松野孝一郎、高原美規訳、青土社、1999年］において、グレゴリー・ベイトソンの理論を紹介している。

第２章

１）Clive Ponting: *A Green History of the World,* pp.1-7.［クライブ・ポンティング『緑の世界史（上下）』石弘之、京都大学環境史研究会訳、朝日選書、1994年］

２）Jacob Wolf: *Sanset etik*［感覚される倫理］. Knud Vilby著“Mod bedre vidende”所収、p.64.

３）前掲書

４）Herman E. Daly and John B. Cobb: *For the Common Good.*

５）Ingvar Cronhammar: *As if through a Glass and Darkly,* p.21.

６）James P. Carse: *Finite and Infinite Games. A Vision of Life as Play and Possibility,* p.55.

７）Svend Erik Larsen: *Er naturen egentlig naturlig?*［自然はほんとうに自然か？］, p.8.

第３章

１）K.E. Løgstrup: *Ursprung und Umgebung. Betrachtungen über Geschichte und Natur,* p.1.

２）先の説明では、人間が自然に与える影響に、どのように文化的価値が関係しているかに焦点をあてた。しかし、近代科学以前の文明が私たちの文化よりも自然破壊が少なかったのはそのためだけではない。人口がずっと少なかったことが最大の理由である。

【マ】

【ヤ】

【ラ】

【タ】

【ナ】

【ハ】

【サ】

事項索引

モリス，ロバート（Robert Morris, 1931～）アメリカの芸術家でミニマルアートの代表的作家。オブジェ、インスタレーションだけでなく特異な平面作品も制作している。……35，93

モンドリアン，ピエト（Piet Mondrian, 1872～1944）オランダの構成主義画家。水平、垂直の線と原色の矩形だけで構成された作品で知られる。……68，70

【ヤ】

ヤコブセン，ロルフ（Rolf Jacobsen）ノルウェーの設計事務所、ガイア・リスタ所属の建築家。……138

【ラ】

ラーセン，スヴェン・エリック（Svend Erik Larsen, 1946～）デンマークの哲学者、現在オーフス大学教授。……20

ル・コルビジェ（Le Corbusier 1887～1965）スイス生まれ、フランスで活躍した建築家。簡素で合理的なモダニズム建築の提唱者で、近代建築の三大巨匠の一人。……61，73，76～79

ルンナウ，ヨーン（Jørn Rønnau, 1944～）デンマークの彫刻家。ランドアートも多く手がける。http://www.ronnau.dk/ ……18

ロイストロップ，クヌード・アイラー（Knud Ejler Løgstrup, 1905～1981）デンマークの神学者、哲学者。直観的倫理主義の立場をとった。……5，42

ロース，アドルフ（Adolf Loos, 1870～1933）オーストリアの建築家。「装飾は罪悪である」と宣言し、機能主義を徹底した。……69

ローリッツェン，ヴィルヘルム（Vilhelm Lauritzen, 1894～1984）デンマークの建築家。機能主義的な建築・都市計画をつくった。……90

【ワ】

ワルネ，ベングト（Bengt Warne）スウェーデンの建築家。環境問題が建築において課題となった当初からエコロジカルな住宅を手がけている。……168

ベルゲ，ビョーン（Bjørn Berge, 1954～）ノルウェーの建築家。エコロジカルな建築技術・設計を専門とする設計事務所 Gaia Lista 主宰者の一人。http://www.gaiaarkitekter.no/lista/ ……148

ボーア，ニールス（Niels Bohr, 1885～1962）デンマークの理論物理学者。有名なボーアの原子模型を作り、量子力学の確立に貢献した。……56

ボイス，ヨーゼフ（Joseph Beuys, 1921～1986）初期のフルクサスに関わり、数多くのアート作品を残した現代芸術家。「社会彫刻」と呼ばれる、社会の中で機能する芸術という概念を生み出し、大きな影響を与えた。社会的・政治的にも活動的だった。……75，188，189

ホフ，カーステン（Carsten Hoff, 1934～）デンマークの建築家。1970年代以降、オルタナティブな住宅建築で知られる。……174

ポンティング，クライブ（Clive Ponting, 1947～）イギリスの文筆家。行政職を経て、イギリスの政治・歴史に関する著作を多く出版。……14

ポントピダン，ヘンリク（Henrik Pontoppidan, 1857～1943）デンマークの作家で1917年にノーベル文学賞受賞。本書で引用された「Lykke-Per」は「幸運なペーター」という意味の自伝的小説。……159

【マ】

マグリット，ルネ（René Magritte, 1898～1967）ベルギーのシュルレアリズムの代表的画家。本書で挙げられている『イメージの裏切り』のように、人間の固定観念を揺さぶる知的な絵画を多く描いた。……182，183

マンク，アラン（Alain Minc, 1949～）フランスの実業家・作家、思想家。……62

ミンケ，ゲルノート（Gernot Minke, 1937～）ドイツの建築構造家。カッセル大学で教鞭を取るとともに、エコロジカル建築の設計事務所をもつ。http://www.gernotminke.de/minke.html ……153

メルツ・アルバート（Albert Mertz, 1920～90）デンマークの画家。絵画からコンセプチュアルアートまで幅広く手がけた。王立アカデミー教授でもあった。……186

メルロ＝ポンティ，モーリス（Maurice Merleau-Ponty, 1908～1961）フランスの哲学者。自己と対象の「両義性」の思考によって存在論の新たな地平を開いた。……5，85，86

モーテンセン，リチャード（Richard Mortensen, 1910～1993）デンマークの芸術家。1930年代初頭からデンマークに抽象芸術をもたらした。……183

た。現在は、フリーの文筆家として活動。……184，186

フェーン，スヴェーレ（Sverre Fehn, 1924～）ノルウェーを代表する建築家。……27，40，147，165

フッサール，エドムント（Edmund Husserl, 1859～1938）ドイツの数学者、哲学家。現象学の創始者。……85

ブラック，ジョルジュ（Georges Braque, 1882～1963）フランスの画家。ピカソとともにキュビスムを創始した。……58

ブリクセン，カレン（Karen Blixen, 1885～1962）デンマークの小説家。夫とともにケニアでコーヒー農園を経営していた時の経験をもとにした『アフリカ農場』が代表作。他にもいくつかのペンネームで執筆した。……86

ブルネレスキ，フィリッポ（Fillippo Brunelleschi, 1377～1446）イタリア・フィレンツェの建築家、彫刻家。フィレンツェ大聖堂を設計し、ルネサンス建築の本質的創始者といわれる。……48，50

ブレッズドーフ，ペーター（Peter Bredsdorff, 1913～1981）デンマークの建築家。コペンハーゲンの都市計画フィンガープラン（1947）をスティーン・アイラー・ラスムッセンと共に策定した。……40

フンデルトヴァッサー，フリーデンスライヒ（Friedensreich Hundertwasser, 1928～2000）オーストリアの芸術家、建築家。曲線を多用したカラフルな色彩のウィーンの公営住宅が最も知られているが、日本にも作品がある。……196

ベイトソン，グレゴリー（Gregory Bateson, 1904～1980）イギリス生まれ、アメリカで活動した人類学者、社会学者、言語学者。独自のコミュニケーション理論を築いた。……8

ベーコン，フランシス（Francis Bacon, 1561～1626）イギリスの哲学者、文学者、政治家。科学精神に貫かれた哲学を残した。……48

ベック，リセ（Bek, Lise, 1936～）デンマークの美術史家でオーフス大学教授。イタリア・ルネサンス芸術の他、建築・空間論を専門とする。……57，92

ベーニッシュ，ギュンター（Günter Benisch, 1922～）ドイツの建築家。ミュンヘン・オリンピック・スタジアム、シュトゥットガルトの幼稚園、西ドイツ議会等の作品がある。http://www.behnisch.com/ ……87，88，136，186

ベリーニ，ジョバンニ（Giovanni Bellini, 1430頃～1516）イタリア・ルネサンス期の画家。人間味と親近感を感じさせる聖母子像を多く描いた。……42～44

所長。……150

ハイデガー，マルティン（Martin Heidegger, 1889～1976）ドイツの哲学者。フッサールの現象学、アリストテレスの存在論などの影響の下に独自の哲学を築いた。主著に『存在と時間』が挙げられる。……174

ハウゲン・スーレンセン，ヨーン（Jørgen Haugen Sørensen, 1934～）デンマークの彫刻家、映像作家。キャリアの大半はフランスとイタリアで過ごした。http://www.haugen-sorensen.dk/ ……21

パクストン，ジョセフ（Joseph Paxton, 1803～1865）イギリスの建築家、庭師。クリスタル・パレスで工業生産された鉄とガラスの部材による大構造物を実現した。……72

バッカー，ラース（Lars Backer, 1892～1930）ノルウェー人建築家。オスロ初の高層オフィスビルを設計した、スカンジナビアの機能主義建築のパイオニア。……71

パッラスマー，ユハニ（Juhani Pallasmaa, 1936～）フィンランドの建築家、元ヘルシンキ工科大学教授。プロダクトデザイン、グラフィックデザイン、都市計画にも携わり、哲学、環境心理学、建築理論に関する多くの著作がある。……171，181

パラディオ，アンドレア（Andrea Palladio, 1508～1580）イタリア・ベネチア地方で活躍した建築家。古典建築の要素を組み合わせて独創的な設計をした。……33

ハワード，エベネザー（Ebenezer Howard, 1850～1928）近代都市計画の祖の一人、「田園都市」を提唱したイギリスの社会改良家。……94

ビーレン，ベングト（Bengt Bilén）スウェーデン、HSB（The Savings and Construction Association of the Tenants、貯蓄と建設のための居住者組織）建設部門の長として多くのエコロジカル建築に携わる。……162

ピエティラ，レイマ（Reima Pietilä, 1923～1995）フィンランドの建築家。1957年にブリュッセル万博フィンランド館のコンペで優勝した。……165～167，183

ピカソ，パブロ（Pablo Picasso, 1881～1973）20世紀芸術を代表する芸術家の一人。ブラックらとキュビスムを創始した。……58，60，63

ファン・デル・ローエ，ミース（Mies van der Rohe 1886～1969）ドイツの建築家で近代建築の三大巨匠の一人。鉄とガラスで構成された建築が特徴的。……71～73

フィッシャー，ジャン（Fischer, Jean, 1937～）デンマークの文化社会学者で、長年コペンハーゲン大学で教鞭をとっ

教授。……38

スミッソン，ロバート（Robert Smithson, 1938～1973）アメリカの芸術家で、ランドアートの創始をリードした。……167

セザンヌ，ポール（Paul Cézanne, 1839～1906）フランスの印象派画家。後のキュビズムに大きな影響を与えた。……73，74

【タ】

デイリー，ハーマン（Herman Daly, 1938～）持続可能な経済、生態学的経済学を提唱するアメリカの経済学者。1996年にはもう一つのノーベル賞といわれる「Right Livelihood Award」を受賞。『持続可能な発展の経済学』（みすず書房）などの著書がある。……18

ドガ，エドガー（Edgar Degas, 1834～1917）フランスの代表的な印象派画家。カフェ、踊り子、競馬場など、日常の民衆生活を描写した。……58，60

トリリッチ，ファルク（Falk Trillitzsch, 1941～）ドイツのランドスケープデザイナー、アーバンエコロジーの専門家。現在ベルリン工科大学教授。……40，177，178

【ナ】

ニーチェ，フリードリヒ（Friedrich Nietzsche, 1844～1900）ドイツの哲学者、思想家。神を否定し、ニヒリズムを徹底した。……54，66

ニュートン，アイザック（Isaac Newton, 1643～1727）イギリスの物理学者、数学者、天文学者、錬金術師、そして自然哲学家。万有引力や運動の法則を発見し、古典力学を創始した。……48, 56

ネデンス，マルティン・C.（Martin C. Neddens, 1941～）ドイツの建築家、エンジニア。地理学者でもある。マインツ大学名誉教授。……161，163

ノルベルグ＝シュルツ，クリスチャン（Christian Norberg-Schulz, 1926～2000）ノルウェーの建築家、建築理論家。ハイデガーの哲学に触発された現象学的な場所論が知られる。……80，163～165

【ハ】

ハーバーマス，ユルゲン（Jürgen Harbermas, 1929～）ドイツの哲学者。近代の基盤としての合理性を重視する、公共性・コミュニケーション論の第一人者。……68，82

ハーン，エクハルト（Ekhart Hahn, 1942～）ドイツの建築家、都市計画家。現在、ドルトムント大学環境計画研究

彫刻家。公共空間のインスタレーションを多数制作している。http://www.cronhammar.dk/ ……19，183

ケージ，ジョン（John Cage, 1912～1992）アメリカの前衛作曲家。「偶然性の音楽」「無音の音楽」を提示した。……187

ケネディ，マルグリット（Margrit Kennedy, 1939～）ドイツの建築家。エコロジーの観点から現在の貨幣システムの問題を指摘し、地域貨幣を提唱している。ハノーバー大学教授。http://www.margritkennedy.de/ ……155

ケンデル，ヘルマン（Herman Kendel, 1936～）ドイツの建築家。ドレスデン工科大学教授で自身の設計事務所をもつ。……120，123，127，131，174

ゴーリキー，マクシム（Gorky, Maxim, 1868～1936）ロシアの作家。社会的リアリズムの創始者で社会活動家でもあった。代表作に『どん底』がある。……156

コブ，ジョン（John Cobb, 1925～）アメリカの神学者。多元主義的な思想を取り入れ、開かれたキリスト教を提唱する。本書で紹介されている『For the Common Good』で経済学にも貢献している。……18

【サ】

サリバン，ルイス・ヘンリー（Louis Henry Sulivan, 1856～1924）アメリカの建築家で「モダニズムの父」と呼ばれる。摩天楼建築を創り出したとされる。フランク・ロイド・ライトの師でもあった。……70

シュタイドレ，オットー（Otto Steidle, 1943～2004）ドイツの建築家。環境に特別に配慮しつつプレハブ化された建築部材を多用した。http://www.steidle-architekten.de/ ……154

スクーデ，フレミング（Skude, Flemming, 1944～）デンマークの建築家・建築評論家。1982年から2006年まで王立芸術アカデミーで教鞭をとった。Villa Vision（図6.9）を、技術コンサルティングを行うNPOであるDanish Technological Institute所属の建築家、イヴァー・モルトケ（Moltke, Ivar）とエンジニア、ベルテル・イェンセン（Bertel Jensen）と共に設計した。……111

スーラ，ジョルジュ（Georges Seurat, 1859～1891）フランスの画家。点描法を特徴とする新印象主義の創始者。……59

スパーン，アン・ウィストン（Anne Whiston Spirn, 1947～）エコロジカルデザインの考え方を都市に適用するアメリカのランドスケープ・環境プランナー。現在マサチューセッツ工科大学

ウッシング，スザンヌ（Susanne Ussing, 1940～1998）デンマークの建築家、陶芸家。フルクサス運動に大きな影響を受けた。……174

ウッツォン，ヨーン（Jørn Utzon, 1918～）デンマークの建築家。シドニー・オペラハウスが最もよく知られた作品。……40

エクスナー夫妻，インガ＆ヨハネス（Inger og Johannes Exner, ともに1926～）デンマークの建築家。教会や歴史的建築の修復に多く携わる。……184

エブレ，ヨアヒム（Joachim Eble）ドイツの建築家。エコロジカル建築に関しては古参。オフィスや集合住宅を多く手がける。http://www.eble-architektur.de/ ……118，121

エンゲルブレヒト，ヨーン（John Engelbrecht）デンマークの哲学者、文筆家。……89

オスマン，ジョルジュ＝ウジェーヌ（George Eugéne Haussmann, 1809～1891）フランスの政治家。セーヌ県知事在任中に皇帝ナポレオン3世とともにパリ改造の都市計画を推進した。……57

オットー，フライ（Frei Otto, 1925～）ドイツの建築家、エンジニア。膜構造の第一人者でもあり、1972年のミュンヘン・オリンピック競技場のデザインが知られる。シュトゥッドガルト大学名誉教授。……88，120，123，127，131，132，174

【カ】

カース，ジェイムズ（James Carse）神学者、哲学者でニューヨーク大学名誉教授。……20

カーン，ルイス（Louis Kahn, 1901～1974）エストニア出身、アメリカの建築家、都市計画家。構造と意匠が高いレベルで調和した詩的な空間を創造した。……87

カンディンスキー，ワシリー（Wassily Kandinsky, 1866～1944）ソ連出身の画家、芸術理論家。バウハウスでも教鞭をとった。幾何学的形態と色彩による画面構成の作品を描いた。……67，74

ギーディオン，ジークフリート（Siegfried Giedion, 1888～1968）スイスの建築史家、建築理論家。……69，80

クリステンセン，トム（Kristensen, Tom, 1893～1974）デンマークの詩人・作家。本文中に引用されている『ヘイボック』は、二つの世界大戦間の知識人の精神的危機を表現したもの。……157

クロンハンマー，イングヴァー（Ingvar Cronhammar, 1947～）スウェーデン生まれ、1965年以降デンマークに住む

人名索引

（但：生没年に関しては調べがついたもののみ記載）

【ア】

アイゼンマン，ピーター（Peter Eisenman, 1932～）アメリカの脱構築主義の代表的な建築家の一人。http://www.eisenmanarchitects.com/ ……92，186，189

アポリネール，ギョーム（Guillaume Apollinaire, 1880～1918）イタリア出身のポーランド人詩人、小説家。キュビズムの主導者。……66

アルバーツ，トン（Ton Alberts, 1927～1999）オランダの建築家。有機的デザインやシュタイナーの建築に影響を受けた。http://www.albertsenvanhuut.nl/ ……142

アルベルティ，レオン・バティスタ（Leon Battista Alberti, 1404～1472）イタリア・ルネサンスを代表する芸術家、建築家の一人で「万能の人」でもあった。……50，51

アンダーセン，エリック（Eric Andersen, 1943～）デンマークの芸術家でフルクサス創始者の一人。……37，157，158，175

イーノ，ブライアン（Brian Eno, 1948～）イギリスの音楽家で環境音楽（アンビエント・ミュージック）の創始者。……184

ウィトゲンシュタイン，ルードヴィヒ（Ludwig Wittgenstein, 1889～1951）オーストリア出身の哲学者。生前唯一の著作は『論理哲学論考』は哲学思想に大きな影響を与えた。……86

ウィルクス，ラース（Lars Wilks, 1946～）スウェーデンの芸術家、彫刻家、詩人。本書に登場する「Nimis」が代表作。……173

ウォーホール，アンディ（Andy Warhol, 1928～1987）アメリカの芸術家で、おそらく最も有名なポップアーティスト。……174

ウォルフ，ヤコブ（Wolf, Jakob, 1952～）デンマークの神学者。コペンハーゲン大学神学部助教授。自然と宗教の関係や生命倫理を専門とする。……17

訳者紹介

伊藤俊介（いとう・しゅんすけ）

1969年神奈川県生まれ　東京大学工学部建築学科卒業、東京大学大学院工学系研究科建築学専攻・博士課程修了、博士（工学）。

1999年から2001年までデンマーク国立建築研究所に留学、デンマークの学校建築の研究を行う。

2001年より東京電機大学・情報環境学部講師。

麻田佳鶴子（あさだ・かづこ）

1967年東京都生まれ、白百合女子大学文学部国文学科卒業、住宅メーカー勤務を経て東京理科大学二部工学部建築学科卒業。

1997年から2001年までスウェーデンに留学。スウェーデン語研修の後、ルンド大学工学部建築学科および社会福祉学部で高齢者の居住環境の研究を行う。

エコロジーのかたち
── 持続可能なデザインへの北欧的哲学 ──　（検印廃止）

2007年9月10日　初版第1刷発行

訳　者　伊　藤　俊　介
　　　　麻　田　佳　鶴　子
発行者　武　市　一　幸

発行所　株式会社　新　評　論

〒169-0051　東京都新宿区西早稲田3-16-28
http://www.shinhyoron.co.jp
TEL　03（3202）7391
FAX　03（3202）5832
振替　00160-1-113487

落丁・乱丁はお取り替えします。

定価はカバーに表示してあります。

印刷　フォレスト
装丁　山　田　英　春
製本　清水製本プラス紙工

Printed in Japan
ISBN978-4-7948-0747-2